东尼·博赞
思维导图经典书系

超级记忆

The Memory Book

[英] **东尼·博赞**（Tony Buzan）著

亚太记忆运动理事会 译

中国广播影视出版社

图书在版编目（ＣＩＰ）数据

超级记忆 ／（英）东尼·博赞（Tony Buzan）著；
亚太记忆运动理事会译. -- 北京 ：中国广播影视出版社，
2022.10
书名原文：The Memory Book: How to Remember
Anything You Want
ISBN 978-7-5043-8881-0

Ⅰ．①超… Ⅱ．①东… ②亚… Ⅲ．①记忆术 Ⅳ.
①B842.3

中国版本图书馆CIP数据核字(2022)第123731号

Title: The Memory Book, by Tony Buzan
Copyright © 2015 by Tony Buzan
Last published in UK by BBC Pearsons
Original ISBN: 978-1-406644265. All rights reserved.

北京市版权局著作权合同登记号　图字：01-2022-3701 号

超级记忆
〔英〕东尼·博赞（Tony Buzan）　著
亚太记忆运动理事会　译

策　划	东章教育　颉腾文化	
责任编辑	王　萱　赵之鉴	
责任校对	张　哲	

出版发行　中国广播影视出版社
电　　话　010-86093580　010-86093583
社　　址　北京市西城区真武庙二条9号
邮　　编　100045
网　　址　www.crtp.com.cn
电子信箱　crtp8@sina.com

经　　销　全国各地新华书店
印　　刷　鸿博昊天科技有限公司

开　　本　650毫米×910毫米　1/16
字　　数　219(千)字
印　　张　17
版　　次　2022年10月第1版　2022年10月第1次印刷

书　　号　ISBN 978-7-5043-8881-0
定　　价　79.00元

出版说明

相信中国的读者对思维导图发明人东尼·博赞先生并不陌生，这位将一生都献给了脑力思维开发的"世界大脑先生"，所开发的思维导图帮助人类打开了智慧之门。他的大作"思维导图"系列图书在全世界范围内影响了数亿人的思维习惯，被人们广泛应用于学习、工作、生活的方方面面。

作为博赞®知识产权在亚洲地区的独家授权及经营管理方，亚太记忆运动理事会博赞中心®致力于将东尼·博赞先生的经典著作带给更多的读者朋友们，让更多的博赞®知识体系爱好者跟随东尼·博赞先生一起挑战过去的思维习惯，改变固有的思维模式，开发出大脑的无穷潜力，让工作和学习从此变得简单而高效。

秉持如此初衷，我们邀请到来自全国各地、活跃在博赞®认证行业一线的专业精英们组成博赞®知识体系专家团队，担起"思维导图经典书系"的审稿工作，并对全部内容进行了修订和指导。专家团队的成员包括刘艳、刘丽琼、杨艳君、何磊、陆依婷等。专家团队与编辑团队并肩工作了数月，逐字逐图对文稿进行了修订。

这套修订版在中文的流畅性、思维的严谨性上得到了极大的提升，更加适合中国读者的阅读需求和学习习惯。我们在这里敬向所有参与修订工作的专家表示由衷感谢，也对北京颉腾文化传媒有限公司的识见表示赞赏。

期待这份努力不负初衷，让经典著作重焕新生，也希望这套图书在推广博赞®思维导图、促进全民健脑运动方面，能起到重要而关键的作用。

亚太记忆运动理事会博赞中心®

亚太官网：www.tonybuzan-asia.com

中文官微：world_mind_map

献给众神之王宙斯与记忆女神摩涅莫辛涅的理想的艺术之子——我最为亲爱的朋友，艺术家罗琳·吉尔，以及特别顾问——第一位女性记忆大师苏·怀廷，国际象棋大师雷蒙德·基恩。

——东尼·博赞

LETTER FROM TONY BUZAN
INVENTOR OF MIND MAPS

The new edition of my Mind Set books
and my biography, written by Grandmaster Ray
Keene OBE will be published simultaneously this year in
China. This is an historical moment in the advance of global
Mental Literacy , marked by the simultaneous release of the
new edition of Mind Set and my biography to millions of
Chinese readers. Hopefully, this simultaneous release will
create a sensation in China.

The future of the planet will to a significant extent be decided
by China, with its immense population and its hunger for
learning. I am proud to play a key role in the expansion of
Mental Literacy in China, with the help of my good friend and
publisher David Zhang, who has taken the leading role in
bringing my teachings to the Chinese audience.

The building blocks of my teaching are memory power , speed
reading, creativity and the raising of the multiple intelligence
quotients, based on my technique of Mind Maps. Combined
these elements will lead to the unlocking of the potential for
genius that resides in you and every one of us.

TONY BUZAN

MARLOW UK 05/07/2013

东尼·博赞为新版"思维导图"书系
致中国读者的亲笔信

今年，新版"思维导图"书系和雷蒙德·基恩为我撰写的传记将在中国出版发行，数百万中国读者将开始接触并了解思维潜能开发的相关知识和应用。这无疑是一个具有历史意义的重要时刻——它预示着我们将步入全球思维教育开发的时代。我希望它们能在中国引起巨大的反响。

中国有着众多的人口，他们有着强烈的求知欲，这在很大程度上将决定世界的未来。我很自豪，在我的好朋友、出版人张陆武先生的帮助下，我在中国的思维教育中发挥了一些关键的作用。我非常感谢他，是他把我的思维教育带给了中国的大众。

我的思维教育是建立在思维导图技能基础上的多种理念的集合，包括记忆力、快速阅读、创造力和多元智力的提升等。如果把这些元素结合起来，我们就能发掘自身的天才潜能。

东尼·博赞

2013年7月5日

Contents 目录

| 第四部分 | 终极记忆术 |

| 附　录 |

作为近 40 年来全球最伟大的教育家之一，东尼·博赞的方法激励着众人尽其所能地开发和发挥大脑潜能，从而获得更丰盈、更有意义的人生。他在 20 世纪 60 年代发明思维导图，随后英国广播公司（BBC）播出他的《启动大脑》系列科普片达十年之久，同名书籍《启动大脑》畅销达百万册。他的思想广为传播，帮助人们认识到了大脑的非凡能力。但他并未因此而止步，而是一以贯之地研究阅读、记忆、创新等，为此撰写了很多本书，被翻译成 40 多种语言。

今天来看，东尼·博赞的影响力已经超越了他的作品而成为一种世界文化现象。从刚刚成名开始，他就被邀请到全球各地演讲，被多家世界 500 强公司聘为顾问，为多个国家的政府部门提供教育政策方面的建议，为多所世界知名大学提供人才培养的方法。他的思想也快速地被大家接受，成为现代教育知识的一部分，这足以说明他的工作是多么重要。鼓舞并成就了数千万人的人生，足见他对这个世界的影响是多么深远。

东尼·博赞的毕生追求是释放每一个人的脑力潜能，发起一场展示每个人才华的革命性运动。如果每个人都能接触到正确的方法和工具，并学会如何高效地运用大脑，他们的才华便能得到最完美的展现。当然，他的洞见并非轻易而得，也不是人人都赞成他的观点。谁能够决定谁是聪明的，谁又是愚蠢的？对于这些问题，我们都应该关心，这可是苏格拉底和尤维纳利斯都思考过的问题。

在正确认知的世界里，思维、智力、快速阅读、创造力和记忆力的改善应当受到热情的欢迎。然而，现实并不总是如此。实际上，东尼·博赞一直在坚持不懈地和大脑认知的敌人进行着荷马史诗般的战斗，其中包括那些不重视教育、把教育放在次要地位的政客；那些线性的、非黑即白的、僵化的教育观念和方法；那些不假思索或因政治缘故拒绝接受大脑认知思维的公司职员；还有那些企图绑架他的思想，把一些有害的、博人眼球的方法作为通往成功之捷径的对手。

2008 年，东尼·博赞被英国纹章院（British College of Heraldry）授予了个人盾形纹章。盾形纹章设立之初是为了用个人化的、极易辨认的视觉标志，来辨识中世纪战争中军队里的每一个成员，而东尼·博赞则是为了人类的大脑和对大脑的认知而战斗。

我想起我们第一次在大脑认知上的探讨，是关于天才本质的理解。我本以为东尼·博赞会拜倒在伟大人物的脚下，那些人仿佛天生就具备"神"的智慧及其所赋予的超人能力。事实并非如此。东尼·博赞的重点放在像你我一样的普通人的能力特质上，研究这样的人如何通过自我的努力来开启大脑认知的秘密，如何才能取得骄人的成就。东尼·博赞下决心证明，你无须来自权贵家庭或艺术世家，也能达到人类脑力成就的高峰。

爱因斯坦曾是专利局职员，早期并没有展示出超拔的数学天分；达·芬奇是公证员的儿子；巴赫贫困潦倒，他得走上几十英里去听布克斯特胡德的音乐会；莎士比亚曾因偷窃被拘禁；歌德是中产阶级出身的律师……这样的例子有很多很多。

但幸运的是，他们靠自己找到了脑力开发的金钥匙。而今天，值得庆幸的是，东尼·博赞先生帮众人找到了一套开发脑力的万能钥匙。

他可以像牛顿一样说自己是柏拉图的朋友、亚里士多德的朋友，最重要的是，是真理的朋友，是推动人类智慧向前跨越的关键人物。

社会从众性的力量是强大的，陈旧教条的影响无法根除，政府官员的阻挠、教授的质疑充分证明了这一点。然而，正像著名的国际象棋大师、战略家艾伦·尼姆佐维奇（Aron Nimzowitsch）在他所著的《我的体系》里所写的：

讥讽的作用很大，譬如它可以让年轻人才的境遇更艰难；但是，有一件事情是它办不到的，即永远地阻止强大的新知的入侵。陈旧的教条？今天谁还在乎这些？

新的思想，也就是那些被认为是旁门左道、不能公之于众的东西，现今已经成了主流、正道。在这条道路上，大大小小的车辆都能自由行驶，并且绝对安全。

是时候阅读这套"思维导图经典书系"了，今天在自己脑力开发上敢于抛弃陈规旧俗、接受东尼·博赞思想和方法的人，一定会悦纳"改变"的丰厚馈赠。

雷蒙德·基恩爵士

英国OBE勋章获得者

世界顶级国际象棋大师

世界记忆运动理事会全球主席

尊敬的中国读者：

　　你们好，很高兴受邀为东尼·博赞先生的"思维导图经典书系"的全新修订版作序。我与东尼相识几十年，很荣幸与他建立了非常深厚的友谊。他有着广泛的爱好，对音乐、赛艇、写作、天文学等都有涉猎，其睿智、风趣时常感染着我。我是他生前最后交谈的朋友，那次谈话是友好而真挚的，很感谢他给予我的宝贵建议，这是我余生都会珍念的记忆。

　　东尼出版过很多关于思维导图、快速阅读和记忆技巧的书，并被翻译成多种语言在世界各地传播。思维导图——东尼一生最伟大的发明，被誉为开启大脑智慧的"瑞士军刀"，已经被全世界数亿人应用在多种场景、语言和文化中。

　　我曾与东尼结伴，一起在中国、美国、新加坡等地推广思维导图，也曾亲眼目睹他的这一发明帮助波音公司某部门将工作效率提高400%，节省了千万美元。这正是思维导图的威力和魅力。

　　东尼的名著之一是《启动大脑》。在我们无数次的交谈中，他时常提起此书是他对所有与记忆、智力和思维相关事物的灵感之源。东尼相信，如果掌握了大脑的工作模式和接收新信息的方式，我们会比那些以传统方式学习的人更具优势。

　　在该书的第一章，东尼阐释了大脑比多数人预期的更强大。我们拥有的脑细胞数量远远超出大家的想象，每个脑细胞都能与周边近 10 000 个脑细胞相互交流。人类大脑几乎拥有无限能力，远比想象的更聪明。当东尼意识到自己的脑力并没发挥出预期的效果时，为了更好地学习，他希望发明一种记笔记的新方法——这就是思维导图的由来。东尼的发明对他自己的学习很有帮助，于是进一步开发来帮助他人。

在他的书系中，你将学到多种技能。它们不仅使学习变得更容易，还有助于你更好地应用思维导图，比如通过使用关键词来激发想象力和联想思考，增强创造力，等等。东尼曾告诉我，学龄前儿童的创造力通常可以达到 95%。当他们长大成人后，创造力会下降至大约 10%。这是个坏消息，但幸运的是，东尼在书系中介绍的技能，是可以帮助我们保持持久旺盛的创造力的。这些书揭示出创造力、记忆力、想象力和发散性思维的秘密。读完这些书你会发现，这些看似很简单的技能，太多人还不知道。

东尼发明了"世界上最重要的图表"，并将它写在 *The Most Important Graph in the World* 一书中。书中不但论证了思维导图的重要性，还为我们的生活提供了宝贵的经验。我从中学到很多技巧，其中最重要的是，如何确保我所传达的信息被别人轻易记住——直到读了 *The Most Important Graph in the World*，我才意识到它是如此简单。东尼在书中提到的七种效应，从根本上改变了我与人沟通的方式，让我的交流更富有情感，演讲更令人难忘。这本书是我最喜欢的东尼的名著之一。

东尼还非常擅长记忆技巧。他在研究思维导图时，发现记忆技巧非常有用。这些技巧在日常生活中的重要性不言自明，比如，我不善于记别人的名字和面孔，当不得不请人重复时，我真的很尴尬，俨然常常为遗忘找借口的"专家"。东尼为此亲自训练了我的记忆技巧，让我很快明白记忆技巧与智力或脑力的关系不大，许多记忆技巧是简单的，可以很轻松地学习和应用。

不久前我教一个学生记忆技巧。她说她记忆力特别差。我记得东尼告诉我，没有人天生记忆力不好，只是不知道提高记忆力的技巧。我让她在 3 分钟内，从我提供的单词表中记住尽可能多的单词。她只能记住 3 个单词。我告诉她，在运用了我教给她的技巧后，她可以按顺序记住全部 30 个单词，倒序也不会出错。她笑着说这是不可能的。

利用东尼书中所教授的技巧，她在经过大约 3 小时的训练后，成功做到了正序、倒序记忆全部 30 个单词。她非常高兴，因为一直以来，她都认为自己的大脑无法达到如此之高的记忆水平。真实的教学案例足以证明，东尼的记忆书是可以让每个人受益的，无论青少年还是成年人。

我读过东尼这一书系中的每一本书，强烈推荐给所有希望拓展自己脑力的朋友。

你们需要做的，就是将书中所包含的各种重要技能全部掌握。

马列克·卡斯帕斯基（Marek Kasperski）

东尼博赞®授权主认证讲师（Master TBLI）

世界思维导图锦标赛全球总裁判长

如果我告诉你这样一个故事：有一个小男孩，他的学习成绩一塌糊涂，在考试中屡屡不及格，老师们都认为他这一生难有成就，然后他在16 岁时就辍学了。但是，就是这个孩子，竟然获得了"世界记忆锦标赛"（the World Memory Championships）的冠军。你也许认为这不过是一个虚构的故事，但这是千真万确的，因为那个被贴上"失败"标签的小男孩就是我。

我离开学校之后，不停地换工作，曾在许多地方待过。有一天，我从电视上看到一位名叫克雷顿的先生竟然在 3 分钟之内记住了一整副扑克牌，这给了我极大的震撼，因为他确确实实是在这么短的时间内记住那么多扑克牌的！

我想，我的大脑和他是一样的；我深信，他能做到的，我也一定能做到！于是我开始进行自我训练。

几个月之后，我终于实现了那个盼望已久的梦想，我也能在 3 分钟之内记住一整副扑克牌了。正当我思考下一步该如何进行自我训练时，我听说了 1991 年的第一届"世界记忆锦标赛"举办的消息，而本书的作者东尼·博赞先生正是这一大赛的组织者。经过非常激烈的竞争，我获得了第一届"世界记忆锦标赛"的冠军。

我运用的那些基本记忆法则，你都可以在本书中找到。假如认真地运用这些法则，你将能登上记忆和知识的巅峰。我在自我训练和运用这些法则时受益匪浅：它们给了我更强的自信心、更丰富的想象力、更高的创造力、更广博的知觉技巧和更出色的智商。

我非常荣幸能向你们推荐这本好书。东尼·博赞不仅保持着"世界创造性智商"的纪录，而且是关于大脑和学习方面的 100 多本畅销书的作者或合作者。他还是世界著名的"思维导图"的发明者。我认为，无论是在口头交流还是在书面表达方面，东尼都称得上是世界上沟通效率最高的人之一。他与别人合创了"大脑基金会"（Brain Trust），基金会把 2008 年的"世纪大脑"奖项颁给了苏珊·格林菲尔德。他还是世界记忆运动理事会的创始人和主席，管理着头脑记忆运动，举办年度世界记忆锦标赛（2008、2009 年在巴林举行）。世界记忆锦标赛已经有 31 年的历史了，现在包括人名头像记忆、快速扑克牌记忆、马拉松扑克牌记忆、词汇和图形记忆等十大项目（详见附录）。

能在刚开始的几年就参与其中，我倍感荣幸。那时思维运动刚刚诞生，我和其他参赛者创下了自己的标准，而如今这项赛事吸引了更多的国家参与，越来越多的国家拥有了自己的记忆冠军，产生了很多未来的记忆明星。随着比赛标准的逐年升高，新的纪录也不断诞生。大家共同目睹乔纳森·汉考克、安迪·贝尔、本·普里德莫尔、克莱门斯·迈尔以及贡特·卡斯滕这些强者的表现，看到他们打破纪录，让人备受鼓舞！

对愤世嫉俗的人来说，记忆随机的小数、二进制数字、扑克牌好像是无用的练习。而对我来说，记忆练习开拓了我的思维，创造了大脑无穷无尽的可能。它给我一种自信，让我相信我可以记住自己想记住的一切。这种感觉让人很舒心。锻炼记忆力是一种乐事，我强烈推荐给所有人。

祝贺你！你已开始踏上了改变你人生的星光大道！

多米尼克·奥布莱恩

第一届世界记忆锦标赛冠军，曾八次获此殊荣

一则永生难忘的故事

首先，我要给你讲一件让我十分震惊的事，这件事让我第一次意识到原来我们的记忆可以很完美。

一名学生坐在教室里，既紧张又好奇，因为这是他大学入学第一天的第一节课。和班里其他同学一样，他久闻克拉克教授的大名。克拉克教授不仅曾是这所大学英文系所有毕业生中最有才华的，而且更让他出名的是：他总会从一个天才的角度，居高临下地看待他的学生，用他的智慧让学生们感到窘迫和不知所措。这天，他故意迟到了——这更增添了紧张气氛。

克拉克教授终于出现了！他若无其事地迈进教室，炯炯有神地快速扫过全体学生，嘴角还挂着一丝嘲弄的微笑。

他没有直接走上讲台，也没有整理他的讲稿，而是站在讲台前，双手背在身后，脸上带着嘲讽的神情继续盯着他的学生。冷不丁地，他冒出一句："英语专业的新生？我先来点名。"接着，他像机关枪一样快速且大声地喊出了学生们的名字——而此时，学生们早已被吓呆了。

"阿伯拉罕森？""到，先生！"

"亚当斯？""到，先生！"

"巴洛？""到，先生！"

"布什？""到，先生！"

"博赞？""到，先生！"

……

当他叫到"卡特兰德"时，教室里一片死寂。他就像一位威严的审判官一样，用他那可怕的眼神在每个学生的脸上来回巡视，似乎期望学生"赶紧认领"他的名字。见没有人回应，他深深地叹了一口气，以比正常语速快两倍的速度说道："卡特兰德？……杰里米·卡特兰德，家住西三号大道2761号，电话是7946231，生日是1941年9月25日，母亲的名字是简，父亲的名字是戈登……卡特兰德？"依然没人回应。教室里静得连一根针掉到地板上都能听见，当这种寂静快要达到学生们的忍耐极限时，克拉克教授大喝一声："缺席！"终于打破了这令人难耐的沉寂。

接着，他又毫不停顿地继续点名。不管是哪个学生缺席，他都要来一番"卡特兰德式"的程序，一字不落地说出每个缺席学生的全部个人信息。在开学的第一天，他不可能事先侦知哪些学生来上课，哪些学生会缺席，而且他也从未见过这些学生。但令人吃惊的是，他竟然清楚地知道每个学生的基本信息，甚至是一些非常具体的信息。

当他点完最后一个学生的名字"齐戈斯基"后，他脸上带着一丝古怪的笑容，用一种鄙夷的眼神看着学生们说："这表明卡特兰德、查普曼、哈克斯敦、休斯、勒克斯摩、密斯和托维没有来。"他停顿了一下，接着说："找个时间，我将记录下来！"

说完之后，他就离开了，整个教室又陷入罕见的寂静之中。

这一幕令一位学生着了迷，他突然感受到生命中原以为"不可能实现的梦想"——无论在何种情况下都准确无误地记起所需的信息——似乎可以实现了。

他能记住著名画家、作曲家、作家和其他伟人的名字、生日及相关的重要信息！

他能记住多种语言！

他能记住生物和化学中庞杂的分类数据！

他能记住任何需要的表格！

他能拥有像克拉克教授一样的记忆力！

他跳起来，冲出教室，在走廊上截住克拉克教授，不假思索地问道："先生，您是怎样做到的？"克拉克教授依旧傲慢地回答道："孩子，因为我是个天才！"然后他再次转身离开，根本没有听见学生的喃喃自语："是的，先生，我知道，但我还是想知道您是怎么做到的。"

在接下来的两个月中，这名学生不断地"纠缠"这位"天才"，最后两人竟成了好朋友。"天才"私下里向他解释了记忆方法的"神奇法则"，正是这种神奇的记忆法则，让他在开学第一天便令所有的学生大吃一惊。

在以后的20年中，这名学生如饥似渴地阅读他能够找到的所有关于记忆、创造力和大脑机制方面的书籍。他始终有一个想法：创造一个能够在记忆方面超越那位"天才"教授的超级记忆方法。

他的第一个创造是"记忆思维导图"（Memory Mind Map），被人们称为"大脑思维的瑞士军刀"。它不仅能让使用者精确、灵活地记忆，而且能让他们在记忆的基础上进行创造、计划、思考、复习和交流。

在思维导图之后，他又创造了巨大、有趣且易于使用的"超级记忆矩阵"（Super Matrix Memory System）。它是一个数据库，能让使用者快速地获取任何重要的、所需的主要信息。

就这样，25年后，新的记忆方法出现了。我，当年那个为记忆着迷的学生，非常乐意把这个新方法介绍给你！

现在，让我们再看一些证明大脑惊人能力的证据。

为本书写了序言的多米尼克·奥布莱恩，能够只看一次便记住54

副打乱的扑克牌——也就是 2808 张扑克牌——而且只有 8 个错误（在被告知他出错之后，他还能纠正其中的 4 张）。而我们很多人甚至记不住我们把车钥匙放在哪里了。

记忆力既能给人带来快乐，也能给人带来悲伤：看昔日学校里的老照片时，我们能够记起几十年前的老友，却记不起当天早上吃了什么！同时，世界上最聪明的那群人可以解开生命的基因密码，再现宇宙大爆炸的时刻，但是人类的记忆力仍有大片区域尚未开发。引用詹姆斯·柯克（James T. Kirk）的话，它才是"真正的终极前沿地"。

我们都知道记忆力是非凡的，即使存在以下这些相反的观点，我们也会这样说——

- 大多数人只能记住不到10%的新朋友的名字。
- 大多数人常常记不住别人给予他们的电话号码。
- 记忆力应该会随年龄的增长而迅速减退。
- 喝酒的人有许多，而每喝一次，就会有大约1000个脑细胞受到酒精的损害。
- 世界上不同种族、文化、年龄和教育水平的人有一个共同的体验或者说是"恐惧"——记忆能力不够或记性差。
- 我们通常把失败，尤其是记忆的失败归因于自己只是"人"。这意味着我们的能力天生就不足。
- 你可能会在本书的大部分记忆测试中遭遇失败。

所有这些问题以及其他一些问题本书都会涉及。读过之后你就会明白：只要具备相应的知识，就有可能通过所有的测试；而且只要你知道怎样记忆，你就能轻易地记住你想记住的电话号码和人名。你也会发现，如果你使用记忆力的话，它会继续提高；最后，你会发现自己的记忆力不仅比你预想的要好很多，而且事实上，你会发现它可能非常完美。

要有信心：你的记忆力很完美

不同文化和不同国家的人在记忆方面的"消极经验"不能归咎于我们只是"人"，或者任何"先天不足"，而只能归咎于两个简单而又易于改变的原因：一是消极的心理暗示，二是缺乏相应的知识。

你常常能听到人们在积极而热烈地谈论这样一些事情："我的记忆力没有年轻时那么好了，我经常忘事。"这一说法常会得到同样热情的响应："是的，我深有同感，我也经常这样。"对话者就这样彼此惺惺相惜、蹒跚地在"思维遗忘"的下坡路上越走越远。我为这些人取了这样一个名字，叫作"记忆恶化俱乐部"。这种消极、危险、不正确的思维模式基于人们缺乏对自己记忆力的适当训练（使用本书就可以纠正这种错误）。

当一位中年经理或主管忘记给某人打电话，而且发现手机落在办公室时，他与一个把手表、零花钱和家庭作业等东西忘在教室里就回家的7岁孩子的唯一真正的差别是，孩子不会因此而灰心丧气、挠头，然后嚷道："啊，上帝！才7岁我就没记性了！"

要记住，我们最常听到的记忆力随着年龄增长而减退的迷信观点是错误的。如果大脑使用良好并经常接受良性刺激，那么它会随着年龄增长而变好。八九十岁的老人可以和四五十岁的人拥有同样好的脑力，脑细胞不会随着年龄的增长而死亡。记忆力好不仅有益于学习，而且有益于生活质量的提高。

问问你自己："我每天到底能记住几件事？"大多数人会认为自己是介于100~10 000件事之间。答案实际上应该是几十亿件事。人类的记忆能力是如此优秀并且稳定地发挥着作用，而大多数人都没有意识到他们所说和所听到的每个字都要在瞬间经过大脑思考、回忆、精确辨认，以及置于合适的背景之中。人们也没有意识到他们一天乃至一生中的每一刻、每个感觉、每个念头及所做的每件事都用到了他们的记忆功能。事实上，这种记忆的准确性几乎是完美的。我们零星忘记的一些事情就像是一片汪洋大海之中的几滴水。具有讽刺意味的是，我们之所以强烈地注意我们所犯的错误，是因为这些错误非常少见。

越来越多的证据表明，我们的记忆力应该是十分完美的。以下是几个例子。

梦

我们许多人都曾清晰地梦见长达 20 年甚至更长时间可能都没想起过的熟人、朋友、家人和恋人。在我们的梦中，这些人的形象鲜明，颜色和细节精确得和他们在现实生活中一样。

这一点就证明了在大脑的某个地方存储着大量完美的图像及其相关信息。这些图像及其相关信息并未随时间的改变而改变，并且经过正确的触发后可被重新回忆起来。在第 22 章中，你将学会"梦境记忆"。

突发性的随机回忆

实际上我们每个人都有过这样的经历：在一个拐弯处突然记起自己以前生活中的一些人和事。这种情形在人们重访他们的第一所小学时会经常发生。往往一种味道、不经意的触摸、随意的一瞥或某种声音都可能唤回洪水般的、那些被自己认为已经忘记了的经历。

这种任何一种感官刺激就能唤起精确记忆图像的能力，以及烤面包的味道或者一首歌的旋律就会让人沉湎于往事的事实都表明：正确的"触发情景"越多，能够回忆起来的东西就越多。从这些事实我们可以了解到是大脑存储了这些信息。

俄罗斯人"S"（谢里雪夫斯基）

在 21 世纪初，一位年轻的俄罗斯记者谢里雪夫斯基（在《记忆专家的思维》一书中，A.R. 鲁里亚称其为"S"）参加了一个编辑会，令其他与会者惊愕的是他竟然不记笔记。当他不得不为此做出解释时，他却对人们的惊讶大惑不解。令人惊奇的是，很明显他是真的不理解为什么大家要记笔记。

他对自己不记笔记的解释是：我能记住编辑所说的话，记笔记有什么用呢？为了证实自己的确能做到，"S"甚至模仿编辑的声调逐字逐句复述了发言的全部内容。

在随后的几十年里，俄罗斯心理学带头人、记忆研究专家亚历山大·鲁里亚（Alexander Luria）对他做了一系列的记忆力测试。1973 年，我见到鲁里亚时，他向我证实了"S"与寻常人相比的确没有什么不同之处，只是他的记忆力确实很好。鲁里亚也声明：在"S"年纪还很小的时候，偶然间发现了 12 个基本的记忆技巧（见 3.3 节）并使它们成为他自然功能的一部分。

关键是，"S"并没什么特别之处。在教育、医学和心理学的历史上都有过类似的记录。在每一个案例中，这些似乎拥有"卓越"记忆能力者的大脑都是正常的，他们只是都在很小的时候就"发现"了记忆功能的基本技巧。

罗森斯威格教授的实验

美国心理学家、神经生理学家马克·罗森斯威格（Mark Rosensweig）教授花了数年的时间研究单个脑细胞和它的存储能力。早在 1974 年他就提出：在一个正常人的一生中，如果以每秒钟 10 条新信息的速度一直向他的大脑输送信息的话，他的大脑多半仍然是空的。他强调说："记忆障碍与大脑的容量无关，而与能力无穷的大脑的自我管理有关。"

彭菲尔德教授的实验

加拿大的怀尔德·彭菲尔德（Wilder Penfield）教授无意中发现了人类的记忆能力。

当时他正用很细的电极刺激病人的单个脑细胞，以便确定大脑中与癫痫病发作有关的区域。令他大为吃惊的是，他发现当他刺激一定的大脑细胞群时，他的病人就会突然记起过去的经历。病人们强调说：那不是简单的记忆，而是他们当时实际经历的全过程，包括气味、噪声、颜色、动作、味道等。这些经历的时间跨度可以从试验前几小时到几十年以前。

彭菲尔德提出：藏在每个脑细胞或脑细胞簇中的东西，是我们经历过的每件事的完美储存。只要我们找到正确的刺激位置，就能像重放电影一样重现当时的经历。

大脑潜在的建模能力

莫斯科大学的派奥特·阿诺欣（Pyotr Anokhin）教授是著名学者巴甫洛夫的得意门生。他将生命中的最后几年全部用来研究人类大脑潜在的建立模型的能力。他的发现对记忆研究者来说非常重要。

记忆似乎是以单独的小型模型或者由大脑中相互连接的细胞组成的电磁电路的方式来记录信息的。阿诺欣知道大脑有 1 万亿个脑细胞，但在与脑细胞所能建立的模型数量相比时，即使是如此巨大的数字也显得微不足道。

借助高级的电子显微镜和计算机，他提出了一个令人瞠目的数字。阿诺欣计算了整个大脑中可能产生的模型个数，或者叫作"自由度"。用他自己的话来说："这个数字是如此之大，如果用一行正常大小的手写字符来记录，这行数字的长度将超过1050万千米。有了这么大的可能性，大脑就是一个可以在上面演奏亿万个不同旋律的键盘。"

你的记忆就是上面的乐曲。

照相记忆

照相记忆也叫超清记忆，是一种特定的记忆现象。在这种情况下，人们能在非常短的时间内精确、完美地记住他们所看见的任何场景。这种记忆通常消失得很快却非常精确，以至于有人看过一条白色床单上随机喷射了上千个斑点的图片后也能精确地将它复制出来。

这就意味着我们除了具有深度、长期的储存能力，还有短期和即时的照相记忆能力。很多人认为孩子往往具备这种能力，这是他们思维功能的一个天然组成部分，我们却在使他们逐渐丧失这种能力。因为我们让他们把注意力过分集中于逻辑和语言上，而很少训练他们的想象能力和其他思维技能。

1000幅照片的测试

在最近的一些实验中，测试者以每秒钟一幅照片的速度，一幅接一幅地向被试者显示1000幅照片。然后心理学家们将另100幅照片混入并请被试者挑出来。无论这些被试者是怎样评价自己的正常记忆的，实际上，他们每个人都能分辨出哪张照片是没看过的。

他们虽然不能记住照片出示的顺序，但肯定记住了图像。这个例子证实：人们一般能较容易地记住一个人的面孔而不太容易记住他的名字。这个问题应用记忆技巧就能轻易解决（如下所述）。

记忆术

记忆术是指那些可以帮助你记东西的记忆帮手。它可以是一个词、一张图、一个方法或者其他一些机制，可以帮你回想起一个短语、一个名字或者一系列事实。记忆技巧即 mnemonic，其中的"m"不发音，整个单词来源于希腊语 mnemon，意思是"铭记在心"。

其实大多数人在学校时就已经使用过记忆技巧了，可能我们当时没有注意到。比如，我们为记语法或者拼写，发明了除了在"c"后面，"e"前面是"i"；或者为了记住高音谱号（从最低的开始）EGBDF，我们发明了短语"Every Good Boy Deserves Favor"（每个好男孩都应该得到夸奖）。

如果首字母可以组成一个单词，那么这种记忆技巧就是首字母缩略词。首字母缩略词由每个单词的首字母组成，比如 UNESCO，代表 United Nations Educational, Scientific and Cultural Organization（联合国教科文组织）。

许多人也学过用握紧的拳头上的关节凹凸来记住哪些月份有 30 天，哪些月份有 31 天（除了 2 月）。这种方法也是一种记忆技巧：一种助记的机制。

有关记忆技巧的实验表明：如果一个人使用这样的技巧，能够在满分 10 分的情况下拿到 9 分，那么这个人将会在满分 1000 分的情况下拿到 900 分，在满分 10 000 分的情况下拿到 9000 分，在满分 1 000 000 分的情况下拿到 900 000 分，依次类推。同样，可以在满分 10 分的情况下拿到 10 分的人，也可以在满分 1 000 000 分的情况下拿到 1 000 000 分。

书中的这些技巧和机制可帮助我们深入研究我们所具有的非凡记忆能力，且帮助我们从记忆中检索出所需的任何东西。你将会惊奇地发现，这些方法非常容易掌握，且便于应用到个人、家庭、公务和社会生活中。

用来记忆的大脑

热情和激情可以强化我们的记忆。同样，乏味和无趣会弱化我们的记忆。你对要记的东西理解的越多，你记住的就越多。

记住，为了增加回忆的可能，记忆会运用联想和方位、方法来让事情变得难忘。

世界记忆锦标赛冠军以及头脑世界纪录

1991 年第一本有关记忆的书籍《超级记忆》的出版，激发了世界记忆锦标赛，人类记忆力的极限逐年被突破。每届比赛，原纪录都会以越来越快的速度连连被打破。几年前不知道的事情，我们现在知道了，那就是一般的人类大脑若得到适当的训练，完全可以在 1 小时内记住 2000 个两位数字，可以在 15 分钟内记住超过 100 个人名头像，可以只听一遍就记住 200 个数字，还可以在 25 秒内记住一副扑克。

这些惊人纪录的所有创造者都当众表明，他们认为自己"只刚开始记忆训练不久"！

每年的世界记忆锦标赛上，参赛选手所做的事情就是把要记的东西变得独特、相关，然后给予它们具体的细节描述。这些记忆专家不比你我聪明，他们只是投入时间和精力，运用了一系列技巧和策略记忆信息——而他们真的记住了。比如，有很长一段时间，人们认为在 30 秒之内记住一副扑克牌相当于打破体育运动中的 4 英里（约 6.4

千米）赛跑纪录。2007 年，英国记忆锦标赛冠军本·普里德摩尔仅用 26.28 秒就记住了一副被洗过的扑克牌，打破了安迪·贝尔先前 31.16 秒的世界纪录。德国的贡特·卡斯滕博士用 1 小时记住了一个 1949 位数字，然后用了 2 小时不到的时间回忆出来。

记忆简史

最早为记忆寻找生理基础而非精神基础的是古希腊人。在记忆领域里，真正提出重要观点的第一人，是公元前 4 世纪的柏拉图。他的理论被称为"蜡片假说"，至今仍为人们所接受。

在柏拉图看来，思维产生印象的方式与蜡片被尖状物体刺一下后在其表面留下痕迹的过程是一样的。柏拉图假设：印象一旦形成就会保留下来，直到它随时间流逝而最终消失，并且再次留下一个光滑的表面。当然，这个光滑的表面在柏拉图看来，就等同于完全忘记——遗忘的形成与记忆的形成是同一过程中的两个"反向"程序。这一观点到后来渐渐清晰起来，现在许多人也认同他的这一观点。

历史上记载的第一个记忆术也是由古希腊人发明的。公元前 477 年，诗人西蒙尼德斯发明了一种名叫"宫殿记忆法"的记忆术，顾名思义，也就是"定位"。书面材料上可用的空间微乎其微，因此，演说家和其他一些要记住演讲稿的人就常常通过想象一段路程，在脑子里追溯走过的足迹来回想每一篇文章。古罗马人延续了这一传统，两千多年后的今天，这种定位法和本书中详细介绍的衣钩法、关联法一同成为每年度世界记忆锦标赛的核心记忆技巧。

现代记忆研究

如今，该领域的生理学家和其他一些研究人员几乎毫无例外地认为记忆位于大脑中覆盖皮层的大面积大脑组织中。但是，确定记忆过程进行的详细位置依旧是一项困难的任务，就像准备理解记忆功能本身的原理一样。目前的研究倾向于海马体和鼻皮层这两个部位。

另外一个有关记忆的模型是大脑的每一部分都可能包括所有的记忆。这一模型应用了全息摄影的工作原理。简而言之，一个全息照片底板就相当于一片玻璃，当两束激光从适当的角度穿过它时，玻璃上会产生一幅惊悚的三维图像。这个照片底板比较神奇的一点是，如果你将它打碎成 100 片，拿走其中的任何一片，你都可以再通过两束激光得到相同的图像（尽管有一点模糊）。因此，全息照片底板的每一部分都包含全景图里的所有信息。

由此也就产生了一个必然结果，数百万大脑细胞事实上就如同数百万微型大脑，以一种极其高级、极其复杂的方式记录我们的全部经历，而目前笨拙的测评方式还搞不清楚这个过程。

这一理论听起来似乎很厉害，但要想解释清楚上面所说的睡梦中的完美记忆、突发性的随机记忆、记忆大师的记忆、罗森斯威格的实验以及阿诺欣的宏大数字，仍有很长的一段路要走。

创造力与记忆力

创造力最主要的发动引擎是你的想象力。正是一些极富创造性的天才，在想象的旅程中遨游时，才把人们带入先前没有探索过的领域。在此，新的联想将实现世界上所谓的"创造性的突破"，思维天才们的创造可以改变历史的进程。达·芬奇、达尔文、阿基米德、牛顿、塞尚和爱因斯坦都是这种具有创造力的天才。

在此，需要说明的一点是，尽管想象和联想在名称、目的上也许有一些细小的差别，但它们的根本原则是一致的。因此，在任何时候，当你练习或应用这些记忆技巧时，你同时也在练习和提高你的创造力。

记忆力和创造力的区别

这样也就越来越清楚了：记忆是在适当的场合下运用想象和联想，将过去的东西在当前的情况下进行重新创造；创造则是运用想象和联想，在未来实现当前的想法，以及重新创造现在的思想，而这种思想在未来的某个时候也许会成为一首诗、一首交响乐、一种科学关系、一座建筑或者一艘太空飞船。

记忆练习

本书中所设计的练习对大脑的作用，如同体育锻炼对身体的作用一样。你在"记忆健身房"中练习的次数越多，你记忆的"肌肉"和创造力就会得到更多的锻炼与发展。

将这个观点进一步发展，就会出现一个展现你天才能力的新公式：你在训练记忆力的过程中投入的精力越多，你的创造力得到的发展就越大。你将会拥有无限的创造力。换句话说，给记忆加上或"投入"精力，就等于无限大的创造力。这个公式可以写成：

$$E + M = C^\infty$$

这个新的智力公式表明，如果在记忆过程中投入精力，你不仅可以获得良好的记忆力，还能拥有不断扩展、潜力无穷的创造力。这个公式也代表古希腊神话：Jupiter（精力，Energy）和 Mnemosynae（记忆力，Memory）诞下 Muses（无限创造力，Infinite Creativity）。

现代研究对古希腊人记忆方法的证实

现代大脑研究，尤其是对左、右大脑皮层的研究证实，在人类大脑最高度进化的部分存在着大量的潜在智能，只需适当地加以训练就可以得到显现和发展。

信息由大脑接收，然后以各种方式储存在记忆之中。同时，它还会交由大脑的右半球——主管节奏、想象、白日梦、色彩、维度、空间感、整体观念（完整倾向）或左半球——主管逻辑、词汇、列表、数字、顺序、线性感、分析，进行加工处理。这些"左右大脑皮层技巧"并非相互割裂、各自为政，实际上，它们需要相互配合才能发挥最大效用。大脑的两个半球越是同时得到刺激，它们越能有效配合，如帮助我们：

- 更好地思考
- 更快地记忆
- 迅速地回想

在后脑、中脑以及大脑上部的一些分区中，还存在其他方面的思维能力：视觉、听觉、嗅觉、味觉、触觉，三维空间中的运动感觉、反应以及情绪。

这种快速的检验证实了古希腊人通过自我分析和实践得到的发现，与现代科学通过严谨巧妙的科学方法得到的研究成果，有着惊人的相似之处。

令人着迷的记忆

随着年龄的增长，我越来越着迷于记忆，越来越喜欢寻找能增强记忆力、充分发挥大脑神奇功能的方法。思维导图技巧便是我在这个过程中发明的，现在全世界的人都在使用它。《思维导图》一书介绍了思维导图的所有相关内容，告诉你如何运用这一工具提高记忆力、思维能力以及创造力。即使是现在，我已经在这一领域工作了45年，我依然对大脑和记忆的能力感到惊奇，对我们每个人尚待开发的巨大潜力感到惊奇。

目前全世界都在进行大脑和记忆力的研究，能够参与其中我感到无比激动。21世纪被称为"智力时代、头脑世纪以及思维新千年"，我们已经迈入大脑觉醒时代。

图0-1 与大脑皮层左、右半脑相关的常见但不唯一的技能分布图

每个人的记忆力和记忆内容对自己而言都是独特的，因为没人会与你拥有完全相同的经历，你对生活的感受和看法也与众不同。只有你知道自己如何经历世事，也只有你能够选择何时以何种方式回忆过往经历。

你也许会发现有些事情你记得非常清楚，而另一些事情如浑水般混沌，又如振翅蝴蝶般难以捕捉。但是，等你读完这本书，你将可以记住任何你想记住的东西，而且会记得非常清楚，因为你将拥有高效无比的大脑及记忆工具。

以前在学校时，你有没有学习过有关记忆工作原理，如何使用记忆技巧，以及注意力、思维、激励或者创造力的知识？对大部分人来说，答案是否定的。本书中所描述的记忆方法顺应大脑，旨在刺激感官，帮助记忆系统有序便捷地储存你选择的信息。享受即将到来的难忘记忆之旅吧！

如何使用本书

本书的目的是帮助你尽快达到你的记忆目标。

本书共有四部分。第一部分是一个简单的"操作"手册，解释大脑和记忆的运作原理。它还包含第一套记忆测试和训练题，用来测试你在阅读此书前原有的记忆力水平。

第二部分介绍一些提高记忆力的核心法则和技巧，包括关联法和衣钩法。

第三部分继续介绍更加高级的"基本记忆法"，它可以帮你记忆 10 个甚至 100 个项目。

第四部分介绍如何通过"自我增强型大师级记忆矩阵"（SEM^3）进一步加强记忆，达到记忆极限。

第一部分包括第 1~3 章，检测你目前的记忆能力，并介绍有关记忆的背景知识，包括培养超级记忆力的基础和原则，尤其是想象和联想的力量。还会讲解记忆随时间变化的节奏，让你能够用一种增加记忆功能的方式掌控自己和生活。

第二部分包括第 4~8 章，列出了记忆 10 个或更多项目的基本方法，如衣钩法、关联法及其他方法。这些方法不仅可以帮你记住比以前多很多的东西，而且学起来也很有趣。你还会发现怎样用你已经学会的方法让记忆容量呈 10 倍速增长！

第三部分，第 9 章介绍"基本记忆法"——因为它是其他无数记忆方法的基础，而且能够具体应用到第 10~22 章的记忆领域，如记忆扑克牌，用长数记忆法提高智商，记忆电话号码，记忆日程表和约会，记忆重要历史日期，记忆生日和纪念日，以及学习词汇和语言等。

第四部分，第 24 章介绍基于 SEM^3 技巧的终极记忆术。为了扩展记忆和知识，本章还增加了一些有关记忆力的话题。如果想让自己的记忆技巧百尺竿头更进一步，你可以浏览附录"在线资源"中专门为帮助大家进行本书练习和使用的网站。

建议你首先快速通览全书，再阅读第 1~8 章，以便为未来的学习打下坚实的基础。

完成了上一步后，你既可以按顺序学习后面的章节，也可以从第 9~22 章中任选一章来进行练习，或者直接跳到第 10 章，随后从第 11~22 章中选取你感兴趣的章节练习。建议你在完全熟悉第 9 章及其应用的情况下再去学习第 24 章。

最重要的是，要确保随着阅读的深入，你的联想和想象能力得到最大限度的提高，并且享受这一过程！

你现在的记忆力水平如何

是不是有些东西你容易记住，有些很难记住？

- 你能记住某些事情、脸孔、生日吗？
- 你是不是认为，年纪越大记忆力越差？

- 你是不是担心在压力下，比如工作或考试中，有些信息回想不起来？
- 你是不是希望记住你想记住的所有东西？

　　在本书的开始部分测试一下你目前的记忆能力对你会有所帮助。第 1 章提供了一系列的记忆测试题，这些测试结果可作为你今后检查记忆是否进步的参照标准。如果你想了解你目前记忆能力的真实情况，并有兴趣将你学完本书后达到的记忆水平与现在的状况进行对比的话，那么请你做完全部测试题。开始时，大多数人的成绩都不理想，但当他们学完全部的章节后，记忆力就会得到明显的改善。享受此次旅程——它将会给你留下深刻记忆（请参照图 0-2）。

东尼·博赞

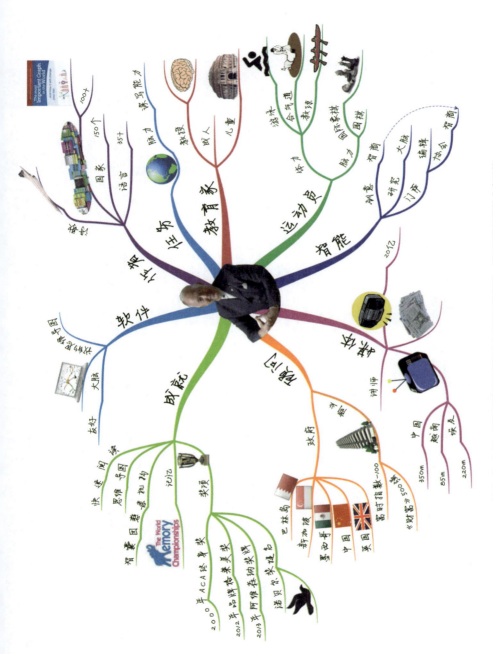

图0-2 东尼·博赞用软件绘制的个人简历思维导图，展示思维导图的众多风格

普通记忆水平的人和能够记忆整本电话簿的人的最大区别可以总结为5个字：欲望和技巧。

多米尼克·奥布莱恩

八次荣获世界记忆锦标赛冠军

记忆的工作原理

第一部分帮你评估你目前的记忆水平，解释学习中和学习后回忆的潜在法则，介绍基础的关联法和衣钩法。它会帮你建立自己的记忆库，有助于你发现提高记忆力实际上是多么容易的一件事。

第 1 章
了解你的记忆水平

这一组快速测试的设计目的是活动你的记忆"肌肉",让你意识到自己为记忆添加的错误限制,以及相应地我们都会形成的一些坏习惯。

我们在学校接受(或未接受)的教育方式,使得本章你要尝试解决的一些十分简单的任务在某些情况下变得非常困难,且在另一些情况下变得几乎不可能完成。这些任务的难度其实完全是普通人的大脑可以接受的。在本章这些既简单又有趣的测试练习中,如果你的记忆力表现较差,不必着急,因为本书的目的就是要帮你提高记忆能力,并且让记忆成为人生中简单而有趣的部分。

1.1　关联测试

只看一次下面列出的 20 项内容，努力记住它们及它们的次序，然后翻到第 10 页填写答案并按说明给自己打分。

墙纸	剪刀	功率	香水
山	指甲	大象	安全
裙子	手表	监狱	西瓜
绳子	护士	镜子	杂交狗
冰激凌	植物	手提箱	雕刻

1.2　衣钩测试

给自己 60 秒的时间记住下面列出的 10 项内容以及它们的顺序。这一测试的目的是让你记住随机排列的所有项目，并记住它们相应的编号。时间一到，请翻到第 10 页填写答案。

1. 原子
2. 树
3. 听诊器
4. 沙发
5. 小巷
6. 瓷砖
7. 挡风玻璃
8. 蜂蜜
9. 刷子
10. 牙膏

1.3　数字测试

下面有 4 组 15 位数字。看每组数字的时间不超过半分钟，每看完一组数字后，就可以翻到第 11 页，尽量凭记忆写出这组数字来。

1. 798465328185423   3. 784319884385628

2. 493875941254945   4. 825496581198762

1.4　电话号码测试

下面列出了 10 个不同场所和人员的电话号码。研究它们的时间不要超过 2 分钟，记住所有的电话号码，然后翻到第 11 页，回答相应的问题。

名字	号码
保健食品商店	787-5953
网球伙伴	640-7336
气象局	691-0262
新闻机构	242-9111
花店	725-8397
汽车修理厂	781-3702
剧院	869-9521
夜总会	644-1616
社区中心	457-8910
饭馆	354-6350

1.5 扑克牌测试

这一测试用来检验你目前记忆扑克牌及其顺序的能力。下面列出了按标号顺序正常排列的 52 张扑克牌。你的任务是用 5 分钟的时间看这些扑克牌，并把它们记住，然后翻到第 12 页填写答案。

1. 方块 10	21. 梅花 9
2. 黑桃 A	22. 方块 K
3. 红心 3	23. 梅花 7
4. 梅花 J	24. 黑桃 2
5. 梅花 5	25. 红心 J
6. 红心 5	26. 梅花 K
7. 红心 6	27. 红心 4
8. 梅花 8	28. 方块 2
9. 梅花 A	29. 黑桃 J
10. 梅花 Q	30. 黑桃 6
11. 黑桃 K	31. 红心 2
12. 红心 10	32. 方块 4
13. 梅花 6	33. 黑桃 3
14. 方块 3	34. 方块 8
15. 黑桃 4	35. 红心 A
16. 梅花 4	36. 黑桃 Q
17. 红心 Q	37. 方块 Q
18. 黑桃 5	38. 方块 6
19. 方块 J	39. 黑桃 9
20. 红心 7	40. 梅花 10

41. 红心 K	47. 黑桃 10
42. 红心 9	48. 红心 8
43. 黑桃 8	49. 方块 7
44. 黑桃 7	50. 方块 9
45. 梅花 3	51. 梅花 2
46. 方块 A	52. 方块 5

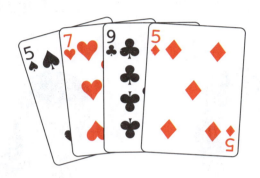

1.6 头像测试

请看下面给出的 10 幅头像和人名，时间不得超过 2 分钟。然后翻到第 13~15 页，那里也有 10 幅同样的头像，但没有名字。请在头像下方标上相应的名字。计分方法见第 15 页。

1. 怀特黑德夫人

2. 霍金斯先生

3. 费歇尔先生

4. 拉姆先生

5. 赫明夫人

6. 布莱尔夫人

7. 切斯特先生

8. 马斯特先生

9. 斯旺森夫人

10. 坦普尔小姐

1.7 日期测试

这是最后一项测试。下面是 10 个相当重要的历史日期。给你 2 分钟的时间把它们记下来，然后翻到第 15 页填写答案。

1. 1666 年　伦敦大火
2. 1770 年　贝多芬诞辰
3. 1215 年　《英国大宪章》签订
4. 1917 年　十月革命
5. 1454 年　欧洲发明活字印刷术
6. 1815 年　滑铁卢战役
7. 1608 年　发明望远镜
8. 1905 年　爱因斯坦"相对论"问世
9. 1789 年　法国大革命
10. 1776 年　美国《独立宣言》

1.8 你的答案

1.8.1 关联测试答卷（见第4页）

请按正确的顺序写出你能记住的所有项目：

_____

_____

_____

_____

_____

以两种方法计分：首先，数出你在 20 项中所能记住的项数；再数出次序排列正确的项数（如果你将两项互相颠倒了的话，那么这两项都应算次序错误）。写对一项得 1 分，次序正确得 1 分（两项总分 40 分）。

记住的项数：

没记住的项数：

次序对的项数：

次序错的项数：

1.8.2 衣钩测试答卷（见第4页）

按下列指定的号码次序填入你所记住的项目。

10. _____   1. _____

8. _____   3. _____

6. _____   5. _____

4. _____   7. _____

2. _____   9. _____

填对的项数：　　/10

1.8.3　数字测试答卷（见第5页）

在下面的空行中依次填入 4 组 15 位数字：

1. _____

2. _____

3. _____

4. _____

单个数字及其位置都对的得 1 分。

总分为：　　/60

1.8.4　电话号码测试答卷（见第5页）

在下列空行中写出 10 个对应的电话号码：

名称	电话号码
保健食品商店	_____
网球伙伴	_____
气象局	_____
新闻机构	_____
花店	_____
汽车修理厂	_____
剧院	_____
夜总会	_____

社区中心　　　　　　　_____

饭馆　　　　　　　　　_____

计分办法：写对一个电话号码得 1 分（即使你写的电话号码只错了一个数字，这一项也算全错，因为你无法用这个错误的号码给你希望取得联系的人打电话）。最高得分是 10 分。

得分：　　/10

1.8.5　扑克牌测试答卷（见第6页）

按倒序填写扑克牌：

52. _____	36. _____
51. _____	35. _____
50. _____	34. _____
49. _____	33. _____
48. _____	32 _____
47. _____	31. _____
46. _____	30. _____
45. _____	29. _____
44. _____	28. _____
43. _____	27. _____
42. _____	26. _____
41. _____	25. _____
40. _____	24. _____
39. _____	23. _____
38. _____	22. _____
37. _____	21. _____

20. _____   10. _____

19. _____   9. _____

18. _____   8. _____

17. _____   7. _____

16. _____   6. _____

15. _____   5. _____

14. _____   4. _____

13. _____   3. _____

12. _____   2. _____

11. _____   1. _____

每对一个得 1 分

分数：　　/52

1.8.6　头像测试答卷（第7~9页）

给每幅头像标上名字。

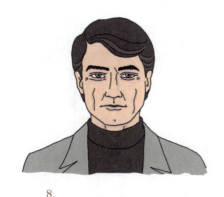

8. _____   7. _____

6. _____

1. _____

5. _____

3. _____

2. _____

9. _____

4. _____   10. _____

每标对一个得 1 分。

分数：　　/10

1.8.7　日期测试答卷（见第9页）

9. _____ 　法国大革命

6. _____ 　滑铁卢战役

1. _____ 　伦敦大火

10. _____ 　美国《独立宣言》

2. _____ 　贝多芬诞辰

5. _____ 　欧洲发明活字印刷术

4. _____ 　十月革命

3. _____ 　《英国大宪章》签订

8. _____ 　爱因斯坦"相对论"问世

7. _____ 　发明望远镜

计分方法：每个全对的项目得 1 分，误差在 5 年内的得 0.5 分。最高得分为 10 分。

分数：　　/10

1.9 你的得分

现在，计算一下你所有测试项的总分，满分为 192 分。

如下：

测试项目	你的得分	每项可得的最高分
关联测试		40
衣钩测试		10
数字测试		60
电话号码测试		10
扑克牌测试		52
头像测试		10
日期测试		10
总分		**192**

将你的得分换算成百分比：用你的得分（简写为 YS）除本项可得的最高分（简写为 PT），得出_____（简写为 X），即 X=PT/YS；再用 100 除以 X，即 100/X，就得到你所得分数的百分比。

到此为止，你就完成了第一套测试（书中还有一些其他的测试题）。

每一项测试的正常得分范围在 20%~60% 之间。60% 的得分相对于参加测试人的平均水平来说，可以认为是相当理想的。但当你学会了本书的内容后，你会发现这个分数远远低于你可以达到的水平。经过记忆训练的人在前面的测试中每一项的平均得分应该在 95% ~100% 之间。

| 下章提示 |

下一章概述了记忆的两个基本法则方面的内容，你需要在学习其他关于记忆核心体系的章节之前首先掌握这部分知识。

第 2 章

记忆节奏

如果掌握了以下两方面有关记忆的基本法则，你的记忆效率将提高两倍。第一方面发生在你接收信息的过程中，叫"学习中的记忆"；第二方面发生在你接收信息之后，叫"学习后的记忆"。

2.1 学习中的记忆

　　为了让你清楚地了解记忆节奏在标准学习期间所起的作用，请认真按下述指令即刻体验一下"学习中的记忆"：阅读下面一长串单词，每次只看一个词，不使用任何记忆方法或技巧，也不往回看任何单词。这个过程的目的是测试你在不使用任何记忆法则的情况下到底能记住多少单词。你在看这一长串单词时，可以试着按顺序记住尽可能多的单词。

　　现在开始看下面的单词。

was	the	range
away	of	of
left	beyond	and
two	Leonardo da Vinci	and
his	which	else
and	the	the
the	must	walk
far	and	room
of	of	drawing
and	could	small
that	the	change

　　现在你已看完了上面的词汇表，请遮住这 33 个单词，尽可能多地写下你记住的单词：

_____

_____

_____

_____

_____

_____

_____

_____

_____

_____

2.1.1　检查你的记忆

现在马上检查一下你的记忆，看你是通过什么方式记住上面的单词的。

- 你记住了几个位于列表开头的单词？

- 你记住了几个位于列表中间的单词？

- 你记住了几个位于列表结尾的单词？

- 重复出现的单词你记住了吗？

- 在你印象中有没有比较特别的单词？

在本次测试中，人们记住的单词大致相同：

- 列表开头的1~7个词。

- 中间的单词记住的很少。

- 列表结尾的1~2个单词。

- 大多数出现不止一次的单词（本项测试中的and、of、the）。

- 突出的单词或短语（本项测试中的Leonardo da Vinci）。

为什么会有这种共同现象？这一系列结果表明记忆和理解不同：即使懂得所有单词的意思，也不能将其全部记住。

我们能记住的已理解信息和以下几个因素有关：

- 我们更容易记住位于开头和结尾的单词，所以在学习时间段的开头和结尾能记住更多的信息。
- 我们对相互之间有关联或者可以产生联想的东西，有节奏、重复或者和我们的感官联系紧密的东西能记住更多。在刚做的单词记忆测试中，重复的单词包括"the""and"和"of"，相互关联的单词有"Leonardo da Vinci"和"drawing"。
- 我们还容易记住突出并有特点的东西。在这个单词记忆测试中，突出的单词是"Leonardo da Vinci"。

2.1.2　休息的重要性

短暂合理的休息会对学习和记忆过程产生重要的影响。研究发现学习时进行规律性的短暂休息有益于准确地记忆信息。因为休息的过程可以给大脑一些时间吸收已经学过的内容。

后面的图 2-1 显示了一段 2 小时的学习过程中 3 种不同情况的记忆模式。最上面的线代表含有 4 个休息间隔的情况。最高点表示回忆内容的最多点。这条线上的最高点比其余记忆曲线的最高点都多，因为它有 4 对"起点和终点"。回忆内容一直保持在高位。

中间那条线代表无休息间隔的情况。起点和终点位置是回忆内容最多的时刻，但整体而言，存余率在最后下降到 75% 以下。

最底下的线代表连续学习两小时以上无休息间隔的情况。这种方法显然很低效，回忆曲线稳步下降，直到低于 50%。

因此，学习过程中合理而又短暂的休息以及学习起点和终点越多，大脑能够记忆的内容就越多。短时休息对放松起着关键作用，能让先前高度紧张的肌肉和大脑得到放松。

2.1.3　记忆的节奏

请你根据实际情况回答以下问题：如果你读一篇难懂的文章达 40 分钟之久，发觉自己一直读不太懂，同时也注意到最后 10 分钟理解能力开始有所好转，那么你会选择下面哪种做法？

（a）立即停止研究并认为既然情况开始好转了，可以休息一下。

（b）以为理解力开始好转，可以继续研究直到又读不懂时再中断。

多数人会选择后者，并认为：只要他们的理解能力没有问题，学习和记忆的效果也会很好。然而，从你刚才的测试结果以及个人的经验可看出：理解和记忆并不是一回事。它们在数量上存在着巨大的差异，而造成这种差异的因素是你对时间的安排和管理。

理解的东西不一定能记住，而且随着学习时间的延长，如果不以某种方式解决学习中间时段发生的记忆力大幅度下降的问题，即使是理解了的东西，能回忆起来的也将越来越少（见图 2-1）。不管你学什么，包括记忆方法，这种记忆节奏都在起作用。

在这种情况下，你需要的是这样一种学习状态：你的记忆力和理解力能最大限度地协调工作。你只有通过有效组织时间来创造这样一种状态，而且只有在这种状态下，你的学习理解力才能保持在较高的水平而又不让记忆力在中途下降得太多。

2.1.4　划分时间

要实现这一点，只要把学习阶段分成最有效的时间单元就可以了。每个时间单元平均在 10~50 分钟之间，如 30 分钟。学习时间太短无法让大脑吸收正在学习的内容。这一点我们都可以理解。不管是通过课堂、会议、电话还是集中对话学习，理想的情况是全情投入的时间不要超过20~50分钟。

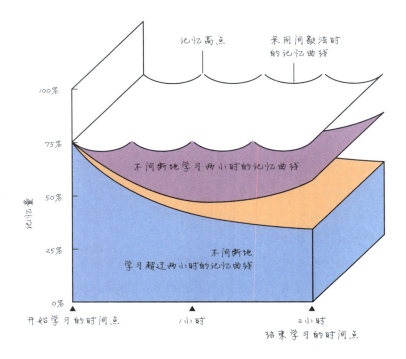

图 2-1 采用与不采用间歇法时，学习期间的记忆高点图

注： 20~50分钟间歇一次可以让理解和回忆达到最优化。

如果你以这种方式组织时间来安排你的学习，会有以下几个明显的优点：

- 记忆量"不可避免的下降幅度"比一直不停地学下去下降的幅度要小。
- 不停顿地学习仅有开头和结尾两个记忆高点，而间歇学习法则可有多达8个"开头和结尾"的记忆高点。
- 采用了间歇学习法，你将获得比不停顿学习时更多的休息时间。这种休息的好处是：记忆和理解的功能都更容易得到发挥并且更有效。
- 安排了停顿时间，你不光得到了休息，而且会记忆更多按阶段时间学习的内容。你会感觉在新的学习时间单元中，理解力更强，这是因为你已经有了牢固的基础，在此牢固基础上你能发现和联想到新的信息。不间断地学习除了使人感到更加疲劳，对所学内容的记忆也会减少，这种不良学习习惯会导致所学过的知识逐渐萎缩，而"消化不良"的信息却以惊人的速度增长，新旧知识之间的衔接变得越来越微弱。

这种间歇通常不应长于 10 分钟，在每次间歇时，可采用以下方式使你的大脑得到休息：散散步、喝点不含酒精的饮料、做一些体育锻炼、自由联想、沉思或者听一段使人心情平静的音乐等。

为了进一步巩固和改善记忆，建议在每一学习单元开始和结束时快速复习一下以前学过的内容，并对将要学习的内容进行预习。这种不间断的复习 / 预习的循环不仅会帮你进一步巩固已掌握的知识，还可以让你的大脑做好接受新的学习目标的准备，并让你有机会浏览你将在整个学习期间遇到的关键性问题。这种学习方式会增强你的自信心，使你获得进步和成功。

把你已经掌握的关于学习期间记忆力会随时间推移而呈节奏性变化的知识与记忆法则结合起来，加上创造性的想象，你将在整个学习过程中形成富于想象力的关联和联想。这样就可以把学习中记忆力下降的地方逐渐"填平"，使记忆过程趋于一条直线。

一旦阅读了以下几章有关记忆方法的内容，你将会产生用联想记忆顺序的其他思路。

2.2　学习后的记忆

一旦你在学习期间使记忆很容易地发挥了良好的作用，那么你也应该同样保证学习之后的良好记忆，这也非常重要。学习后的记忆模式有两种"意想不到的情况"：

- 在学习结束后最初几分钟内你能保留学过的很多知识；
- 你会在学习后的24小时之内忘掉80%的学习内容的细节（你可利用这种陡然的跌落把"记忆外衣"从"记忆挂钩"上取下来，下一章将对此进行讨论）。

第一种情况中的记忆上升是有利的，所以应该充分利用；而第二种情况中的记忆下降则是灾难性的，所以你必须千方百计阻止它。既能保持上升又能防止下降的方法就是重复复习。

2.2.1　重复复习

新知识刚开始储存在短期记忆里。要把这些信息转移到长期记忆中，需要演练和实践。一般说来，你需要重复一个动作至少 5 遍才能把它转为永久性的长期记忆。这意味着你必须用一两个记忆技巧定期复习你所学的东西。可以用记忆公式对此进行简单表达，而下面这个公式就是第一个记忆公式：

$$STM \circledR LTM = 5R$$

也就是说，从短期记忆（Short Term Memory, STM）变成长期记忆（Long Term Memory, LTM）需要 5 次重复 / 回顾 / 回想（Five Repetitions/Reviews/Recalls, 5R）。

我的建议是在以下这些时间回顾并重复你所学过的内容：

- 刚学完一会儿

- 学完一天后
- 第一次学完一周后
- 第一次学完一个月后
- 第一次学完三到六个月后

　　每回忆一次，你就复习了一遍已经学过的内容，同时你也在增加新知识。你的创造性想象力影响着你的长期记忆。对已经学过的内容温习的次数越多，越有可能将它与已有的其他信息和知识结合起来。

　　因此，与常识相反，当你休息时，对所学内容的记忆量是上升而不是立即下降的，这种上升是由于在休息期间你消化了所学的知识，你的左、右大脑无意识地自动对这些信息进行了分类。因此当你在休息后继续学习时，与不停学习相比，实际上拥有更多已经消化了的知识。这最后一条特别重要，因为它能消除你可能体验过的深深的内疚感。这种内疚感常发生在当你已经不自觉地休息下来却又认为应继续坚持学习的时候。

2.2.2　为什么要复习

　　如果你不间断地学习了一个小时，那么学习后的记忆高点大约在10分钟之后出现。这一高点是你首次复习的理想时间。复习的作用是加深所学知识在头脑中的印象，使它更"牢固"。

　　如果你在第一个高点复习，回忆的曲线图就会改变，你就会记住而不是忘记学习内容的细节。因此，如果你学习一小时，第一次复习应在学习结束后的10分钟，第二次复习应在24小时之后。此后，你的复习应按图2-2进行。一般来说，复习的时间可以按日历时间单位来安排，也就是按天、星期、月、年等。因此，你的复习时间应安排在一天以后、一个星期以后、一个月以后、半年以后，等等。

每次复习只需很少的时间。第一次应该在学习后复习思维导图记忆笔记。一个小时的学习所需的复习时间不超过 10 分钟。

从第一次复习开始，以后每次复习都应该快速记下你记忆中最感兴趣的基本信息，然后把你的快速笔记与你正常状态下的笔记进行对比。将忘掉的东西补上，把两次复习之间所感受和认识到的新知识加到思维导图的旁注中去。

采用这种方法，就可以保证你能记住你想长期使用的所有信息。

将坚持复习的人的记忆与不复习的人的记忆进行对比就会发现：不复习的人总是不断地存入信息、忘掉信息，他们总是觉得很难记住，也很难吸收新的信息，因为他们记忆量太少，无法形成和积累理解新信息所需的背景知识。在这种情况下，他们总是觉得学东西很难，记忆也丢三落四，整个学习、理解和回忆过程也就变得索然无味、格外艰难。而经常复习的人，由于不断地积累日益增加的信息，因而接受新的信息就变得很容易。这样就形成了学习、理解和回忆互相促进的良性循环，从而使整个学习过程变得越来越容易。

2.3　记忆与年龄无关

这种关于学习后回忆的知识也可应用于我们目前对待思维能力，尤其是记忆力随年龄增长而下降这一现象的态度。目前的各种统计资料表明，人类过了 24 岁以后，随着年龄的增长，记忆力变得越来越差。这些发现尽管看上去理由很充分，但存在一个重大的错误：他们调查的对象是那些不懂和不重视记忆原理的人。换句话说，那些显示人的记忆力随年龄增长而下降的实验的研究对象，是那些不复习他们所学的知识、不使用记忆技巧的人。

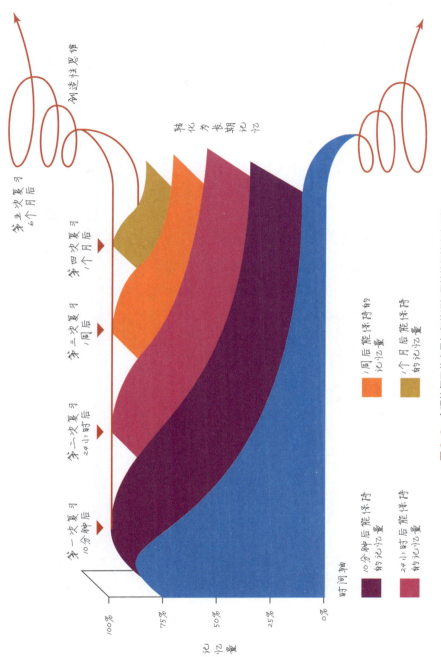

图 2-2 合理的复习节奏是如何使记忆量持续保持高水平的

最近对那些懂得记忆技巧并能在学习中或学习后正确地掌握自己记忆节奏的人进行实验研究，所得出的结论与前面的结论完全相反。只要你不断地使用你左脑的数字、语言、分析、逻辑和序列等能力，同时又不断地开发你右脑的节奏、音乐、想象、色彩和空间等能力，并按记忆技巧（你将在之后的章节学习到）和记忆时间节奏不断进行自我完善，你的记忆能力非但不会随年龄增长而下降，反而会得到极大的改善。头脑中记忆的东西越多，就越容易与新知识建立起联想和想象的网络，因而记忆力和创造性也就会得到进一步的提高。

下章提示

下章将介绍增强记忆力的基础原则和 12 种记忆技巧。记住，你为记忆付出的越多，记忆给予你的回报也就越多，而且是以复利的形式给予回报。

第 3 章
想象和联想原则以及 12 种记忆技巧

古希腊人非常崇拜记忆力，并塑造了一个记忆女神——摩涅莫辛涅（Mnemosyne）。现代单词"记忆术"（mnemonics）就是由她的名字派生而来的，用来描述你随后将要学到的记忆技巧。

在古希腊罗马时代，元老院的元老们必须学习记忆的技巧，以便用他们非凡的记忆和学习能力给其他的政治家们和公众留下深刻的印象。用这些简便而又妙不可言的方法，古罗马人能分毫不差地记住数千个与他们的帝国有关的统计数字，从而成为他们那个时代的统治者。在我们发现大脑的生理功能分为左、右两个大脑皮质区很久之前，古希腊人就直觉地认识到有两条基本的、可使记忆准确无误的原则：想象和联想。

3.1　利用想象展开联想

在现代社会，我们很多人对使用想象力失去了信心，因而也就对联想的本质知之甚少。古希腊人强调这两者是思维功能的基石，并为我们开辟了进一步发展的记忆技巧之路。

很简单，如果想记住某件事，你只要把它与某些已知的、确定的事项（本书中的记忆方法将向你提供那些易于记住的确定事项）进行联想（联系），再全面启动你的想象力就可以了。

你越是刺激和使用想象力，你的学习能力就越强。这是因为，想象力没有极限，它能刺激你的感官，继而刺激大脑。无限的想象力能够让你对新事物敞开怀抱，而不是裹足不前。

最高效的记忆方法是将要记的东西想象成一幅图片，把它与你已确定的事物联系起来。如果你将它们想象成图片，并与现实生活中自己熟悉的事物联系起来，那么它们将处于一个固定的位置，你可以更加容易地回想起来。

联想就是将一些信息与另一些信息联系或结合起来。例如，想到香蕉，你会把它与黄色、出产国、形状、味道、购买地点以及储存方式联系起来。你的大脑里会出现一幅香蕉的画面，并且还有一个地点。联想与想象相互配合产生作用。

想象和联想是本书中所有技巧的核心，是记忆技巧的基石。你可以通过关键词、数字以及图片这些记忆工具来运用想象和联想，而且运用得越好，你的大脑和记忆力就会越强劲高效。

正如第 2 章所讲，要使大脑高效工作，需要同时使用两个半脑。记忆力的两大基石与大脑的两大活动相吻合并不是什么巧合：想象 + 联想 = 记忆。

记忆让你知道你是谁，因此，记住这一点的合适方法就是"我是"。

下文以及第二部分各章节所要讲的核心记忆技巧可以为想象和联想提供更多的支持。它们会帮助你将事物固定在你的记忆当中，并在需要时顺利想起。要高效地记住事物，除了需要与熟悉事物联系，还需要一幅能引发想象、刺激感官、激活记忆的多彩画面。

3.2　第三种记忆原则

除了联想和想象，古希腊人还有第三种"记忆基石"：地点。

换句话说，大脑要记住想象和联想的事物，它还必须给这个记忆／图片寻找一个特殊的地点（见第 7 章的详细讲解）。

3.3　12种记忆技巧

- 感官（Senses）
- 运动（Movement）
- 联想（Association）
- 性（Sexuality）
- 幽默（Humour）
- 想象（Imagination）
- 数字编号（Number）

- 符号（Symbolism）
- 颜色（Colour）
- 顺序/次序（Order or Sequence）
- 积极的形象（Positive Images）
- 夸张（Exaggeration）

古希腊人提出的完美记忆原理完全符合最近发现的关于左、右大脑皮质的知识。虽没有科学的基础，但古希腊人也认识到，为了记得更好，必须充分利用思维的各方面来帮助记忆，本章将对此进行介绍。要想记得清楚，必须把下列 12 种记忆技巧纳入你联想和联系的思维框架中，这些技巧可用"首字母法"来记忆：SMASHIN' SCOPE，见图 3-1。

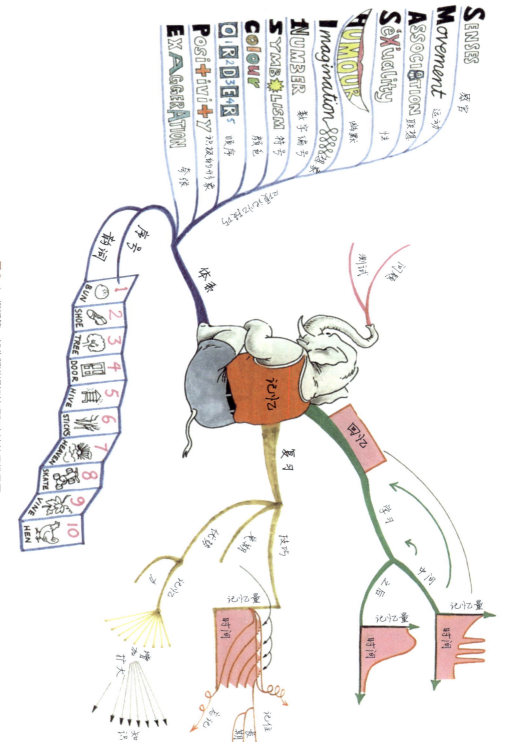

图 3-1 概括第一部分所讲记忆技巧和方法的思维导图

3.3.1 感官/通觉

大多数伟大的"天才"记忆者们和所有伟大的记忆学家们都提高了每一种感觉的敏感度，然后把这些感觉组合起来形成增强的记忆。通觉是指各种感觉的融合。人们发现，经常系统性地练习和提高下列感官的敏感度有助于提高记忆力：视觉、听觉、嗅觉、味觉、触觉、动觉（身体在空间中的位置与运动的感觉）。

3.3.2 运动

在任何一种记忆形象中，运动都可以大大增加你的大脑"联入"的可能性，从而促进记忆的形成。当形象动起来时，就让它们形成三维图像，并且将节奏作为运动的一个分支也应用于你的记忆形象之中。头脑中图像的节奏感及节奏的变化越多，图像就越突出，也就越容易被记住。

3.3.3 联想

如上所述，这是记忆力的两大组成部分之一。无论你想记住什么，你都必须把它与你头脑中某件稳定的事物联想在一起或联系起来，即衣钩法：1= 画笔（见第 59 页），或见关联法（见第 44 页）。

3.3.4 性

我们在这方面一向都有很好的记忆力，把它用于记忆吧！

3.3.5　幽默

你的记忆形象越有趣、越滑稽、越荒诞、越不现实，就越容易被记住。让你的记忆充满乐趣吧！

3.3.6　想象

如上所述，这也是记忆的源泉。爱因斯坦说过："想象比知识更重要。因为知识是有限的，而想象则可以拥抱整个世界、刺激进步并孕育发展。"记忆时所用的想象越生动，记忆效果就越好。

3.3.7　数字编号

用数字编号增加顺序和序列法则的特殊性及有效性。

3.3.8　符号

用一个更有意义的形象代替普通的、令人厌烦的或抽象的概念将提高回忆的概率，用传统的符号，如"停车标志"或"电灯泡"等也能增强记忆。

3.3.9　颜色

如有可能，不妨使用彩虹的全部颜色（理想的选择是用一些明快鲜艳的颜色），使你的想法更加"多彩"，从而使其更容易被记住，见图3-2。

图3-2　思维导图例图

注：这是一幅思维导图例图，表明色彩如何加强记忆。它是团队头脑风暴会议的一部分，由希尔德·加斯帕尔斯特创作，东尼·博赞提供支持。

3.3.10 顺序/次序

与其他的技巧结合起来，顺序或次序使人们有了更为直接的参照物，从而增加了大脑"随机进入"的可能性，如从小到大、颜色分组、目录分类和等级分类等。

3.3.11 积极的形象

在大多数情况下，积极和令人愉快的形象更利于记忆，因为它们使大脑希望回到这些形象中去。相反，即使使用上述所有的记忆技巧，某些消极的形象也会使这些记忆技巧本身或其中的某一部分的"可记忆性"被大脑封锁，因为大脑认为返回到这些消极的形象中是不愉快的。

3.3.12 夸张

在你所有的记忆形象中，夸大尺寸（大或小）、形状和声音都可以起到增强记忆的作用。

有趣的是，我发现 SMASHIN' SCOPE 中包含的原则同样也是思维导图的核心原则，而事实上，正是对记忆原则的挖掘使我开发出了思维导图这种记忆工具（详见《思维导图》）。

3.4 关键记忆形象词

每种记忆方法都涉及关键词。这个词就是"记忆关键词"。关键词是一个衣钩，在这个钩上你将挂上许多你希望记住的内容。将这个记忆关键词特别设计成一个"形象词"，它必须能让使用这种记忆方法的人在头脑中产生一幅图画或一个形象。这就是"关键记忆形象词"。

3.5 纯化

当你通过使用本书后面章节所介绍的一些日渐成熟的记忆方法取得进步时，你就会认识到确保下面一点的重要性，即你在大脑中所建的图像中只含有你想要记住的内容，而且这些内容或词语必须与关键记忆形象联系起来。

你的基本记忆形象与你希望记忆的事之间的联系要尽可能基础、单纯、简单。通过下述方法可使记忆纯化：

- 把要记忆的事砸碎。
- 把要记忆的事粘在一起。
- 把要记忆的事按升序排列。
- 把要记忆的事按降序排列。
- 把要记忆的事相互穿插在一起。
- 把要记忆的事相互进行替换。
- 把要记忆的事放入新的情景中。
- 把要记忆的事编织起来。
- 把要记忆的事包装起来。
- 让要记忆的事对话。
- 让要记忆的事跳舞。
- 让要记忆的事相互分享颜色、气味、动作。

到目前为止，你应该明白：这些由古希腊人总结出来的、近两千年来仅被看作记忆窍门的东西，事实上是以人脑功能的实际工作方式为基础而创造出来的。古代人已经认识到了现在被认为属于大脑左边皮质功能的"词汇""顺序"和"数量"，以及属于大脑右边皮质功能的"想象""色彩""节奏""维度"和"幻想"等的重要性。

对古希腊人而言，摩涅莫辛涅是所有女神中最美丽的。宙斯和她生了九个缪斯女神，她们分管爱情诗、英雄诗、赞美诗、舞蹈、喜剧、悲剧、音乐、历史和天文。

因此，古希腊人认为，能量（宙斯）注入记忆（摩涅莫辛涅）产生了创造力和知识。他们是对的。这反映在新的智力公式对你自身天赋的开发上面（见引言），如果你正确地使用记忆法则和技巧，不仅你的记忆将在各方面得到改善，你的创造力也会得到更大的发展。随着记忆力和创造力的全面改善，你的总体智力和知识吸收能力将与之同步快速增长，你的左、右脑功能将得到新的、强劲的、综合性的发展。

| 下章提示 |

下一章将带你从非常简单的入门级记忆方法逐渐进入更高级别的方法，包括将使你记住成千上万件事物的自我增强型大师级记忆矩阵SEM³。

小时候，我有着一般意义上的好记性。但是一旦学习了诸如定位法这样的记忆技巧，它就能带给你超常规的能量。

前世界记忆锦标赛冠军安迪·贝尔

能用20分钟记住10副洗乱的
扑克牌的顺序，也就是520张扑克牌

记忆训练的核心体系

第二部分讨论提高记忆力的经典方法——包括关联法、衣钩法、数字—形状法、数字—韵律法，这些方法都能帮你提高记忆力。记忆力得到提高后，想象力和创造力也将会得到释放。

第 4 章
关联法

关联法是所有记忆方法中最基本的。它将为你轻松学会最高级的记忆方法奠定基础。

这种基本方法可用来记忆一些项目比较少的清单，如购物单。其中，每一项与下一项之间是通过连接或联想的办法相互关联的。使用这种方法时，你将用到SMASHIN'SCOPE中的所有记忆技巧。利用第3章所述的各种法则和技巧时，大脑的左、右皮层将与各种感觉之间产生动态的关联，从而增强大脑的整体功能。

4.1 举例

想象一下你要去购买下列物品（请参照图 4-1）：

1. 一把银制分餐勺
2. 6 只酒杯
3. 香蕉
4. 天然皂
5. 鸡蛋
6. 生物酶洗衣粉
7. 牙线
8. 全麦面包
9. 西红柿
10. 玫瑰花

要避免关键时刻到处乱找小纸片，或者用简单重复的办法记所有的事项而最终总会忘记两三项的情形发生，你只要按照以下方法应用一下 12 种记忆技巧就可以了。

1. 想象你正走出前门，并在操练令人惊叹不已的平衡游戏：嘴巴里含着巨大的银制分餐勺，牙齿咬着勺柄，你能尝到金属的味道并且感受到金属的质感。

2. 在长柄勺上平稳地放着 6 只非常美丽的水晶玻璃酒杯，这些杯子反射着耀眼的阳光，使你眼花缭乱。当你高兴地看着这些杯子时，你能听到它们撞击银勺的叮当声。

3. 随后，你走到大街上，踏上一根巨大的黄褐色香蕉，它像雪橇一样带着你"嗖嗖"地向前滑行。

4. 作为一个平衡高手，你一点也不担心会跌倒，于是你自信地把另一只脚踏上一块闪闪发光的白色天然皂。

5. 对你来说，这太难掌握了，你向后摔倒并坐在了一堆鸡蛋上。当你陷入鸡蛋堆中时，你能听到蛋壳的破碎声，看见黄色的蛋黄和四处飞溅的白色蛋白，并感觉到有湿漉漉的东西渗到你的衣服里。

图 4-1　关联法：表明物品之间如何夸张地联系在一起

注：这一系列事物包含刺激所有感官的记忆要素——想象、夸张、荒诞、联想、色彩等。

6. 用想象力去夸张任何事物，你应使时间加速，并想象：在两秒钟的时间内，你回到家，脱下衣服，用超级生物酶洗衣粉（即所谓的纯肥皂——它能让无污染的水流出洗衣机）洗净你满是尘土和污垢的衣服。然后设想你再次走出前门。

7. 这次，你因为刚才的事故而稍感疲倦，于是站在一根巨大的、用千万根牙线制成的绳子上，把自己向药店拉，那根绳子正好从你的前门连到药店。

8. 正当你经过这番折腾后感到饥肠辘辘时，暖风送来一阵新鲜的烤全麦面包特有的浓烈香味。想象你正耸着鼻子深深地吸着这香气，心里非常想尝尝那新鲜出炉的烤面包，口水都流了出来。

9. 当你走进面包店时，你惊讶地发现在面包师的架子上，每个面包里都塞满了红彤彤的西红柿，这是面包师为新的饮食时尚而想出来的最新创意。

10. 当你走出面包店，嘴里大嚼着你的西红柿全麦面包时，你看见了一个生平见过的最性感的人，她正以最令人着迷的步姿在路上走着（实际上是让你从这个人身上继续想象）。你的直觉告诉你：马上给她买些玫瑰。于是你一头钻进了最近的、专卖玫瑰的花店，一口气买了很多玫瑰。鲜红的花、摸着花瓣的触觉以及玫瑰花本身的香味等——这一切都令你迷醉。

这是一个很"傻"的故事，有点像童话故事或者异想天开，但是通过这种方法，每一种熟悉的物品都以一种夸张的方式与另一种物品联系起来了。这一系列情景应用并刺激你的所有感官，记忆激发点环环相扣，包含运动、顺序、色彩、惹眼的事物、幽默、夸张以及次序。

所有这些都可以激发想象和联想，并充分调动记忆。当你看完这个幻想作品后，闭上眼睛，并把你刚看完的形象故事从头到尾回忆一遍。

如果你认为你已能记住购物单上的 10 件物品，请填好答案。如果你做不到，请再读一遍，并认真地在你大脑内的"屏幕"上按顺序回忆故事中的每件东西。

准备好后再试着填写以下清单。

记录清单

在下面写出你必须购买的 10 件物品：

1. _____
2. _____
3. _____
4. _____
5. _____
6. _____
7. _____
8. _____
9. _____
10. _____

如果你得了 7 分或 7 分以上，对记这样一张表格来说，你已经是前 10% 了。并且你现在已经使用了最基本的、可以打开你大脑无限记忆潜力的钥匙。现在，让我们试着记忆一份与知识和学习相关的清单。

4.2　连接太阳系的各大行星

接下来你要做的测试与太阳系的星球有关。我们已经注意到有一个星球已经惨遭降级，被驱逐出了行星家族，被列为"矮行星"。但是它仍然属于"行星"这一大类，所以，我们在记忆练习中，仍然将它囊括进来。我已经持续研究这个领域长达25年了，在对平均1000个对象的调查中，发现以下统计结果：

- 1000个人中，大约990人曾学过和记忆过有关太阳系行星的知识。
- 他们在学校或者通过各种各样的媒介"接触"这一信息的累计时间在5~100小时之间。
- 1000人中，只有100人认为他们知道太阳系中有多少个行星。
- 1000人中，只有40个人知道太阳系中有多少个行星。
- 1000人中，只有10个人认为他们知道太阳系行星由近及远的正确排列顺序。
- 1000人中，只有10个人愿意为此打赌。

产生这种惊人的知识遗忘的原因在于：从来没有人教过我们应该如何记忆。

想想自己对这项记忆内容的知识和经验，回答下列问题：

- 你学过有关太阳系行星的知识吗？如果学过，大概学过多少次？累计学习时间是多少？（是/否）
- 你知道目前人类认可的太阳系中行星的数目吗？（是/否）
- 你知道这些行星的名称吗？（是/否）
- 你知道它们在太阳系中的正确排列顺序吗？（是/否）

4.2.1　太阳系测验

写下太阳系中所有行星的名称。现在，看看图4-2，太阳在左下角，请在每个数字后填上对应的行星名称（友情提示：宝瓶座并非行星）。

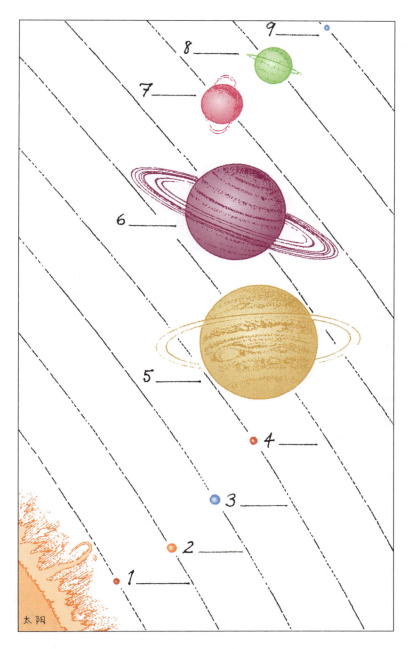

图 4-2　太阳系的九大行星

填写完之后，请对照下面正确的行星名称和位置给自己打分吧。每正确填写一个得一分。假如你写的行星名称正确，但位置错误，只能得 0 分。因为这就像记忆电话号码一样，位置是绝对不能错的。

如果你的得分较低，也不要失望，因为对全世界的人来说，这个测验的平均分在 1~2 分之间。

4.2.2　记忆太阳系中的行星

下面的练习将永远地改变你的记忆方法，增强你的记忆力，让你出色地完成大多数人一生都无法完成的记忆任务。

认真按照提示，放飞你的想象，准备"大吃一惊"吧。

如上所述，本次练习包含太阳系中的九大已知行星（现已更改为八大行星）。

按照距离太阳由近到远的顺序排列，分别是：

1. 水星（小）

2. 金星（小）

3. 地球（小）

4. 火星（小）

5. 木星（大）

6. 土星（大）

7. 天王星（大）

8. 海王星（大）

9. 冥王星（小）（现已被除名）

为了终生都不会忘记太阳系的行星系统，你可以运用关联法，结合你的想象，创造一个有关联的、奇妙的故事。假如你认真彻底地按照提示完成任务，你就能达到"想忘记都难"的效果。

想象你正在阅读，你的前面是光芒四射的太阳。你能清楚地看到它，感受到它的热量，欣赏到它橘红色的光芒。接着想象，一个很小的（这是一个很小的行星）温度计和太阳紧紧相邻，温度计里面装满了液体金属：水银（Mercury：水星、水银）。

接着想象！太阳的温度不断增高，温度计烧爆了。你看见面前的地板和桌子上满是跳动的水银珠子。你飞奔过去，想看个究竟。突然，你发现旁边站着一位非常漂亮、体态纤巧的女神。她的身上闪烁着五彩光芒，散发出令人心醉的香味……你完全可以根据自己的想象来设计。我们应该怎样称呼这位小巧的女神呢？对，维纳斯（Venus：金星、维纳斯）！

你的每个细胞都在感受着维纳斯的美，就像她活生生地站在你面前一样。你看见维纳斯像个小顽童一样和散落一地的水银珠子玩耍并顺手捡起一颗水银珠子。

她玩得忘乎所以，把水银珠子抛到天空中，水银珠子在空中画了一道美丽的弧线，最后"砰"的一声巨响（想象你不仅能听见巨响，而且能感觉到身体的震动），掉到你家的后花园里。

你家的后花园应该在哪个行星上？当然是地球（Earth：地球，泥土）！

由于水银珠子是被维纳斯用很大的力气抛出来的，当它从那么高的天空中坠落时，在地面上砸出一个小坑，而且砸得泥土四溅，甚至都溅到了邻居家的花园里。

在这里，你要把邻居想象成一位个子矮小（这是一个很小的行星）、红脸蛋（这是一颗红色的行星）、易怒"好斗"的人，他正高举着巧克力大棒冲出来。那么这位"战神"是谁呢？是火星（Mars：火星、罗马神话中的"战神"马尔斯）。

火星非常愤怒，因为泥土落在他家的花园中。正当他冲过来准备打你时，一位巨人出现了。这位巨人走动时，你能感受到他身旁的建筑物都在震动。

你可以像想象维纳斯一样，让他变得栩栩如生。巨人让火星冷静下来，吓呆了的火星马上照办。这个巨人额前翘着一绺"J"字形的头发。他除了是众神之王，也是你最好的朋友，这就是第 5 颗行星，也是迄今为止最大的行星：木星（Jupiter：木星，罗马神话中统治诸神、主宰一切的主神朱庇特）。

当你抬头仰望巨人时，你看见他今天穿着一件巨大的 T 恤衫，宽广的胸前有一个词"SUN"，每个巨型字母都金光闪闪的，这三个巨型字母分别是土星、天王星和海王星的英文名称的首字母（Saturn：土星；Uranus：天王星；Neptune：海王星）。

朱庇特头上有一条名叫普鲁特（Pluto：冥王星）的迪士尼小狗（之所以说它小，是因为这颗矮行星太微小，已经被排除在行星之外），这条小狗一边狂吠，一边为这滑稽的一幕忍俊不禁。

再次在脑中回想这个神奇的故事，看看是不是很难忘记了。

在继续研究人类关于行星的记忆过程中，我发现，当人们没有学会利用记忆法则之前，会出现以下一些现象：

- 1000 人中，有 800 人并不真正关心太阳系的行星情况，也很少注意有关它们的信息。
- 1000 人中，100 人对行星的知识比较感兴趣。

● 1000人中，100人对行星的知识不太感兴趣，甚至是不喜欢。

在运用想象和关联法来记忆行星知识后，几乎人人都对行星知识感兴趣了。

这个持续的研究说明了一个重要的事实：假如人类大脑获得的初始数据信息容易被遗忘或混淆，它就不愿继续记忆这个领域中更深入的数据信息。慢慢地，它涉及的某个特定领域的信息越多，就越可能阻塞信息的进入，学习到的东西就越少，最后常常是阻碍所有信息的进入。

如果大脑要接收的信息是以有条理的、易于记忆的矩阵方式出现，那么每一项新信息就能够自动地和我们原有的知识经验挂钩，自然地建立认识、理解和记忆的模型。这就是我们平常所说的知识。

例如，你听说太空探测器已经发射到金星了，但是你不知道金星在太阳系中的位置，这个信息可能会使你的大脑感觉混乱，因为你不可能知道太空船从地球出发以后，将飞越怎样的路线；金星是很冷还是很热；它和太阳的距离有多远；为什么要把它作为太空探索的第一站。因此，你的大脑可能拒绝接收这个信息。

假如你知道金星是距离太阳第二近的行星，并在地球轨道内，距离地球最近，那你就会知道太空船前往的是一颗离太阳很近因而也很热的行星。你会自然而然地把它的方位、温度、远近与地球进行比较，并能得出一个较为合理的推论和联系。在你的头脑进行联系和推论的过程中，你就在有意无意地证实、丰富你原有的关于行星的知识。因此，你知道得越多，记忆得越多，你就更容易知道更多的新信息，并且能自动地记住这些信息。

因此，你很快会意识到，记忆中的知识越系统，尤其是当它们形成记忆矩阵时，你就越容易记忆更多的新信息。你的记忆非同一般，一旦拥有这些基础的矩阵组块，你就可以不费吹灰之力地将它们自动地和新信息建立联系。

相反，如果你没有基本的记忆和知识结构，你接触的新信息越多，新信息对你而言就越支离破碎、毫无联系。最后，你会越来越强烈地感觉到自己一直在遗忘，什么都没有学到！

因此，假如你正确合理地运用记忆，你就可以提高自己的记忆技能、扩大知识量、降低学习的难度。而且，你对记忆的掌控越好，你学习起来就越轻松有趣，效率也越高！

你刚刚记忆太阳系行星的这些技巧，也是历史上那些伟大天才所用的记忆技巧。你和朋友、家人打电话或者见面时，可以把你刚才学到的记忆方法教给他们。这不仅是一种很好的复习方式，而且能让行星知识在你的脑海中打下深深的烙印，同时也是给予亲友的实用礼物。鼓励他们像你一样去做，把记忆知识传授给更多的人。也许几年以后，所有的地球人就都知道地球的确切位置了！而你，正是这一成就的发起者和功臣。

下章提示

现在返回本章，继续用关联法练习自己要记的几个清单，确保你从头到尾都使用12种记忆技巧。你的想象越丰富、越荒唐、越能刺激感官，效果就越好。巩固完关联法之后，请继续学习下一章内容。

第 5 章

数字—形状法

第4章介绍的关联法中用到了除数字和次序的各种记忆技巧。现在，让我们一起进行衣钩记忆法的初步学习吧。

5.1　衣钩法

衣钩法与关联法相似但又不同。不同之处在于它用到的一系列特别的关键记忆形象是不变的，你需把它们和你要记住的每件事连接、联系起来。

衣钩法更像一个有一定数量挂衣钩的衣柜。挂衣钩本身是不会改变的，但挂在上面的衣服却是可以无限改变的。

5.2　数字—形状法的原理

在作为衣钩法入门的数字—形状法中，数字和形状代表挂衣钩，你想记住的事项就成了要挂在上面的衣服。这是一个简易的方法，只用1~10这几个数字。

最好的方法是自己创造出来的而不是别人提供给你的。这是因为人们的想法各不相同，而且人们可能产生的联想、连接和形象也各不相同。经过你自己创造性的思维过程所产生的联想和形象将比任何"灌输"给你的东西保持得更长久，也更有效。但是，我会给你提供一个数字1~10的原始清单，详细地解释你如何才能构建一种自己的方法，以此抛砖引玉。然后，我将给出一些实际应用的例子。

在数字—形状法中，你要做的就是考虑从1~10中的每个数字的"形象"，由于图像和数字二者具有相似的地方，因此每个图像都会让你记起与之相似的那个数字。例如，大多数人把天鹅作为数字2的数字—形状记忆关键词，因为数字2的形状像一只天鹅；同样，天鹅看起来也像一个有生命的、优雅的数字2。另外一个与数字相似的图像是沙漏，像数字8，见图5–1。

下面列出了数字 1~10，每个数字后面有一个推荐的形象和空白，请你用铅笔填上你认为最适合代表该数字形状的物体名称。当你选择这些词语时，应尽量保证它们具有独特的视觉形象、尽可能多的优美色彩以及蕴含基本的想象潜力。它们应该是这样一些图像：你能用SMASHIN' SCOPE 记忆法则轻松愉快地将你想记忆的东西连接上去。

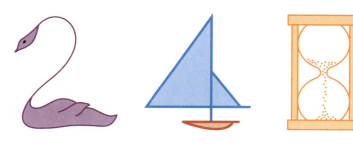

图 5-1 数字—形状法示例

注： 在数字—形状法中，那些看起来像数字的形象被当作挂钩或者钩子，在挂钩上连接着你想要记住的事项。例如，数字 2 的通用关键形象是一只天鹅，数字 4 是小船，数字 8 是沙漏。

给自己不超过 10 分钟的时间填好下面的表格，即使你觉得有些数字难以找到合适的图像词语也不要着急，只需要继续往下看。

数　字	通用关键形象	自己的词语
1	画笔	
2	天鹅	
3	心	
4	帆船	
5	钩	
6	大象的鼻子	
7	悬崖	
8	沙漏	
9	系在细木棍上的气球	
10	球棒和球	

在选择你自己的数字图像时，可以参照上面的例子，尽量为每个数字选择一个最佳的数字—形状关键记忆形象。

当你做完这一步后，在下面的方框中为每个数字画出合适的图像（如果你认为自己不擅长艺术，不必烦恼，只是你的右脑还需要锻炼）。图像中用的颜色越多越好。

5.2.1　数字—形状记忆测试

在这一段结束后，闭上眼睛，在内心将 1~10 的数字形象依次过一遍。当你想到每个数字时，内心应把它与你已选定的数字—形状关键记忆形象联系起来并将它们画出来。

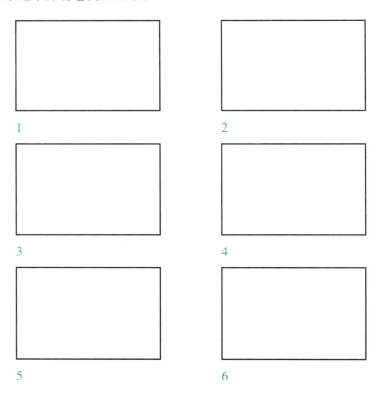

1

2

3

4

5

6

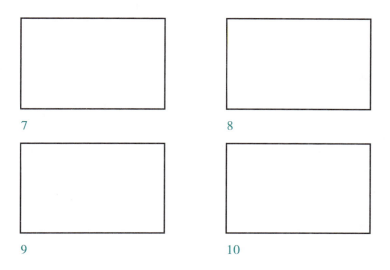

7   8

9   10

保证你确实能在闭上眼睛后看见、听到、触摸到、尝到或闻到它们。

当你做完这个练习后，把数字按相反的次序再过一遍，并再次把它们与你选定的词语联系起来，再次应用12种记忆技巧。

接下来，尽可能快地随机抽取一个数字，做一个游戏，看看与之相关的图像进入你大脑的速度到底有多快。

最后把整个过程倒过来，在脑海里呈现各种图像，看看你把数字与它们联系起来能有多快。现在就开始做这个练习。

至此，你已经练成了一种别人可能认为很难的记忆技巧。你已经形成了自己的记忆和创造性想象的方法，它将使你受用终生，而且能将你左、右大脑的特性结合起来。

这一方法简单而有趣，而且涵盖了几种主要的记忆法：连接/联想/想象。例如，如果你有一张列有10项需要记忆的内容的清单，但你又不想只用前一章中的关联法，而是想按顺序、倒序和随机的次序都能记住它们，那么，数字—形状法就能轻松地帮你解决这个难题。

假设你希望记住下面这张表：

1. 交响乐

2. 祈祷

3. 西瓜

4. 火山

5. 摩托车

6. 阳光

7. 苹果饼

8. 花

9. 太空飞船

10. 麦田

要按照三种次序中的任何一种次序记住这些内容的话，你只需把它们与合适的数字—形状关键记忆形象联系起来。

给自己不超过 3 分钟的时间用数字—形状法记住这 10 项内容，然后填写下表。

将你的数字—形状形象关键词和你要用数字记住的每项内容都填入表中。如果你有信心，现在就开始；如果没有信心，你可以先看看表格下面的一些例子，以便从中得到一些帮助。

衣钩词	事 项
1. _____	_____
2. _____	_____
3. _____	_____
4. _____	_____
5. _____	_____
6. _____	_____
7. _____	_____

衣钩词	事 项
8._____	_____
9._____	_____
10._____	_____

为了指导那些做这一练习时感到有点困难的人，下面的例子给出了一些把需要记住的事项与数字—形状关键记忆形象联系起来的方法。

1. 对于**交响乐**，你可能会想到一位乐队指挥正用一支巨大的**画笔**狂热地指挥着，大多数音乐家的身上都被溅上了颜料；或者你会想到所有的小提琴手正在用吸管演奏着小提琴。无论你想象的图像是什么，都应该用上各种记忆技巧。

2. "**祈祷**"是一个抽象词。人们常错误地认定抽象词语难以记忆。事实上只要使用的记忆技巧得当，正如你已经发现的那样，记忆抽象词语并不难。你要做的就是赋予抽象词语以具体的"形象"。你可以想象**天鹅**、鸭子或鹅向上展开翅膀——就像祈祷者的手一样；或者在你想象的教堂中挤满了天鹅、鸭子或鹅，它们正由一只鸟牧师引导着进行祈祷。

3.西瓜很容易！

4. 你会想到海洋中巨大的**火山**，看见它在你的**帆船**下面猛烈喷射着红色的岩浆，火山产生的"嘶嘶"作响的蒸汽把你的帆船顶起，脱离了水面；或者你可以把火山缩小并放在你要坐的椅子下面（你一定会感觉到火山的存在）；或者想象一张大山一样的桌子，其下是蓄势待发的火山。

5. 一个巨大的**钩子**可能会从天而降，把你和**摩托车**一起从疾驰的路上吊起来；或者你骑在摩托车上，伴随着令人难以忍受的噪声冲进了一家乐器店并撞响了钹和鼓；或者想象一个肚子很大的孕妇跨坐在摩托车上。

6. 你的数字—形状关键记忆形象可能从**大象的鼻子**中流出来；或者你可能把高尔夫球棒有节奏地抛向空中，一道光束缠住了球棒并把它拉向太阳；或者阳光像一束激光那样照到一颗樱桃上，你亲眼看着它变大，并且可以想象你吃樱桃时的味道，感觉到樱桃汁慢慢流过你的下巴。

7. 想象巨大的**悬崖**实际上完全是用**苹果饼**堆成的；或者你的鱼钩钩住的不是鱼，而是一个弄脏、湿透但味道仍然很棒的苹果饼；或者你的回旋飞镖能飞出很远的距离，扎入一个像山一样大的苹果饼而没能回到你手中，留给你的只是苹果的香味和饼屑。

8. 你的**雪人**全部是用精美的粉红色**花朵**装饰起来的；或者从你的沙漏里漏下的不是沙，而是亿万朵缓缓落下的细小的花；再或者，你那身材匀称的女人正绰约地走过铺满落花的一望无际的田野。

9. 你可将**太空飞船**缩小，塞入一个**带着细木棍的气球**里；或者把它进一步缩小，使它像一个使卵子受精的精子；或者想象飞船的前部插了一面巨大的旗子并飞离了地球的大气层。

10. 当**球棒击球**时，你感觉到来自球棒上的振动，你看到球飞过广阔无垠的、金色麦浪有节奏地起伏着的**麦田**；或者你想象劳雷尔和哈代玩着愚蠢透顶的把戏，一边用鞭子敲打麦粒，一边走在无尽的麦田里。

当然，这只是一些例子，它们运用了建立最有效记忆连接所必需的夸张、想象、性和创造性思维。

像关联法一样，自我练习是很重要的。建议在进入下一章的学习之前，至少进行一次自我测试。

自我检查的最好方法是和家人或朋友们一起做测试。请他们随意列一张包含 10 项内容的表，然后读给你听，请他们在每念完一项后停顿5~10 秒钟。在他们给你念这些需要记忆的事项时，你应该立即在它们的基础上尽可能做最为狂乱、色彩最为斑斓的夸张联想，然后把图像投影到你大脑内部的"屏幕"上，并把这些图像固定下来。你（和他们）将为自己能轻易地记住这些事项而感到惊奇，当你能够颠倒顺序或随机地重复这些事项时，给人们留下的印象将会更深刻。

别为把新的表与原来的表搞混淆而着急，正如本章开头时提到的那样，这种特定的衣钩法可以被看作挂衣钩，你可以简单地取下一件外衣并挂上另一件衣服。

| 下章提示 |

在下一章里，我将介绍关于数字1~10的第二种方法：数字—韵律法。这两种方法结合起来，将使你能像上面记住10项内容一样，轻松地记住有20项内容的表。

在接下来的章节里，我将介绍一些更精妙的方法，它们能帮你记住可扩展到数千项内容的表。建议将这些方法用于长期记忆，专门记那些你希望长期保存记忆的内容。你刚学过的数字—形状法和将要学到的数字—韵律法适用于短期记忆，有利于记忆那些你希望只保留几个小时的内容。

给自己一两天的时间，让自己练熟已经学过的这些技巧，然后再进入下一章的学习。

第 6 章
数字—韵律法

你会发现，数字—韵律法特别容易学，因为它的规则与数字—形状法完全相同。像数字—形状法一样，它也能用来记住一些只需在你的记忆中储存较短时间的小的事项表。

6.1 数字—韵律法的原理

像前一章一样，在本方法中也用到了数字 1~10，但这次不是用代表数字形状的关键记忆形象，而是设计了一些发音与数字相似的词作为关键记忆形象词。例如，大多数人记忆数字 5 的关键韵律记忆形象是蜂房，数字 5 的英文为 five，蜂房的英文为 hive，两个词发音相似。它们所用的图像既可以是一个巨大的飞舞着遮天蔽日怪蜂的蜂房，也可能是只有一个小蜜蜂的微型蜂房。

与关联法和数字—形状法一样，应用数字—韵律法时，很重要的一点是要应用所有 12 种记忆技巧，尽可能地使每个图像更富有想象空间、更多姿多彩并且更感性。像前一章中一样，下面有一张列有数字 1~10 和空行的表，请用铅笔填上你认为能对每个数字产生最佳想象的韵律形象词，要确保这些形象都是很好的记忆钩子。你可从后面所列的表中选择一些韵律形象词。

到目前为止，你的联想和创造性思维能力应该已经得到提高了。因此，给你 5 分钟而不是先前的 10 分钟的时间，写出你首选的关键记忆形象词。

数字	选择自己的数字—韵律形象词
1	
2	
3	
4	
5	
6	
7	
8	
9	
10	

像前面一样，我将提供一些常用的可替换的形象词供你参考。从下面这些词语和你自己的关键韵律形象词中，为1~10的每个数字选择一个最合适的关键词。

数　字	韵律形象词参考
1（one）	bun, sun, nun, Hun, run, fun
2（two）	shoe, pew, loo, crew, gnu, coo, moo
3（three）	tree, flea, sea, knee, see, free
4（four）	door, moor, boar, paw, pour
5（five）	hive, drive, chive, dive, jive
6（six）	sticks, bricks, wicks, kicks, licks
7（seven）	heaven, Devon, leaven
8（eight）	skate, bait, gate, ate, date
9（nine）	vine, wine, twine, line, dine, pine
10（ten）	hen, pen, den, wren, men, yen

选好最合适的关键韵律形象词后，在第71页的方框中画出相应的图像，要尽量使用更多的想象和色彩（请参照图6-1）。

6.1.1　数字—韵律记忆测试

看完上面一段后，用你所选的关键韵律形象进行自我测试。闭上眼睛，回想数字1~10，把你为每个数字选定的关键韵律形象清晰地呈现在脑海中。

首先，按1~10的顺序进行。然后，按倒序再来一次。接下来按随机顺序再回忆一遍。最后，让图像"蒸发"掉，并把数字与关键记忆形象词直接联系起来。

做各种练习时，要重复做，一次会比一次快，直到你想起某个数字就会在脑海中产生相应的图像。

做这个练习至少需要5分钟，现在开始。

图 6-1 数字—韵律记忆法的应用

1

2

3

4

5

6

7

8

9

10

6.1.2 数字—形状和数字—韵律记忆测试

现在你已掌握了数字—韵律法，它的用法与数字—形状法完全相同。学会了这两种方法之后，你不仅有两种独立的、记住 10 项内容的方法，而且自然形成了一种使你以顺序、倒序及随机次序记住 20 项内容的方法，你要做的是用这两种方法来代替数字。现在选定你要用哪种方法对应 1~10，用哪种方法对应 11~20，并立即试验！

给你约 5 分钟的时间记忆下面的内容。时间一到，请按要求完成后面的记忆测试题。

1. 原子	**11.** 闪光
2. 树	**12.** 加热器
3. 听诊器	**13.** 铁路
4. 沙发	**14.** 打火机
5. 小巷	**15.** 疣
6. 瓦片	**16.** 星星
7. 挡风玻璃	**17.** 和平
8. 蜂蜜	**18.** 按钮
9. 刷子	**19.** 婴儿车
10. 牙刷	**20.** 泵

下面有 3 列，每列 20 个数字：第一列按顺序排列，第二列按倒序排列，第三列按随机次序排列。请根据你刚才记的内容填好每一列，填好一列后用手或纸盖住再填下一列。3 列都填完后，计算一下你的得分（最高分为 60 分）。

1. ＿＿＿＿＿＿　　　**20.** ＿＿＿＿＿＿　　　**11.** ＿＿＿＿＿＿

2. _____	19. _____	15. _____
3. _____	18. _____	10. _____
4. _____	17. _____	3. _____
5. _____	16. _____	17. _____
6. _____	15. _____	20. _____
7. _____	14. _____	4. _____
8. _____	13. _____	9. _____
9. _____	12. _____	5. _____
10. _____	11. _____	19. _____
11. _____	10. _____	8. _____
12. _____	9. _____	13. _____
13. _____	8. _____	1. _____
14. _____	7. _____	18. _____
15. _____	6. _____	7. _____
16. _____	5. _____	16. _____
17. _____	4. _____	6. _____
18. _____	3. _____	12. _____
19. _____	2. _____	2. _____
20. _____	1. _____	14. _____

你的得分：_____ / 60

6.2　如果刚开始做得不理想

几乎可以肯定你的记忆力会比第一次测试时有所改善，但你也可能感到在某些联想方面还有困难。请检查这些比较"弱"的联想，并找出失败的原因。这些原因通常是：

- 你不喜欢你所产生的联想。
- 联想太相近或相似。
- 不够夸张，缺乏想象力。
- 色彩不够丰富。
- 运动、动作不够多。
- 连接太牵强。
- 不够感性。
- 不够幽默。

要有信心，事实表明：练习得越多，那些"弱"的连接将越快地成为历史。今天和明天任何时候都可以进行自我测试。尽量多请一些朋友或熟人来向你挑战，请他们列出表来让你记忆。

毫无疑问，在前几次的尝试中你会犯一些错误，但即使这样你的记忆力也会远远超出平均水平。要把你所犯的错误看成检查并强化记忆中薄弱环节的契机。只要坚持下去，你就可以毫不犹豫地烧掉前面给你的表，并且不会担心失败。你也就能自信地将这些方法用于娱乐、实际工作、学习和训练你的整体记忆。

当你的技巧纯熟后，要不断地将你生活中发生的事画进一张思维导图中，然后用你现在正在学的方法记住它们。

---| **下章提示** |---

了解了图像的重要性以及如何通过练习增强自信和绘画技巧以后（记住，人人都能画画），你现在需要把图像和词语这两个世界合并起来，直至形成完整的思维导图。

第 7 章

罗马房间法

罗马人是记忆技巧的伟大发明者和实践者。他们在记忆术上广为人知的贡献就是著名的罗马房间法。它是基本"定位记忆法"的一种变体，"定位记忆法"可以追溯到古希腊时代。

当时纸张比较稀缺，演说家和其他一些演讲者常常通过想象一段路程，然后回忆沿路的每一个标志来记忆演说内容或者其他一些事物。想象、联想和方位是记忆的触发器。

大多数记忆法都可以归结到"定位记忆法"。这种方法久经考验且行之有效（八次世界记忆冠军得主多米尼克·奥布莱恩对此进行了印证）。

7.1 想象这个虚构的房间

罗马人轻而易举地创立了这种记忆方法。他们想象出房屋和房间的入口后，把尽可能多的物品和各式家具塞入房间——通过关联形象把每件物品和每件家具与要记忆的事物联系起来。罗马人特别小心，尽量不使他们的房间变成思维的垃圾堆。要想成功使用这种方法最重要的两点是：精确和次序（你的左大脑皮质的特征）。

例如，罗马人可能这样"建造"他的假想入口和房间：前门两边有两根巨大石柱，大门上有一个雕成狮头状的门把手；紧靠门的左边有一座精美的雕像。雕像旁可能有一个大沙发，上面铺着罗马人猎获的动物毛皮；一株开花的植物紧邻着沙发；在沙发的前面有一张巨大的大理石桌子，桌子上放着酒杯、盛酒的容器和一盆水果等。

例如，这个罗马人要记住下列事情：

1. 买一双凉鞋

2. 磨剑

3. 买一个新仆人

4. 照料他的葡萄藤

5. 擦亮头盔

6. 给他的孩子买礼物

他会简单地想象（请参照图 7-1）：

1. 有这样一个房间，其入口处的第一根柱子上装饰着成千上万的凉鞋，鞋上的皮革闪着亮光，散发着令人愉快的气味。

2. 他在右边的柱子上磨剑，他能听到磨剑时的刮擦声，还能感觉到刀刃变得越来越锋利。

3. 他的新仆人骑着一头咆哮的狮子。

图 7-1　罗马房间法的一个实例

4. 精美的雕像上缠满了葡萄藤，藤上结满了甜美的葡萄，馋得他直流口水。

5. 他的头盔中种着开花的植物。

6. 他坐在沙发上，怀里抱着一个孩子，他准备给这个孩子买件礼物。

罗马房间法特别适合用来检验大脑左、右皮质功能及 12 种记忆技巧（SMASHIN' SCOPE）的应用情况，因为这种方法既需要精确的结构和次序，也需要大量的想象和感官刺激。

这种方法的好处就是提供了一间完全是想象出来的房间，你可以把任何奇妙的东西放进去，如各种各样让你感官愉悦的东西、各式家具及你在现实生活中一直想拥有的艺术品等。同样，你也可以把你爱吃的食品、喜爱的装饰装进这个房间里。使用这种方法的另一个好处是，当你开始想象自己拥有房间中的某些东西时，你的记忆和创造性思维将按照能实际取得这些东西的方式潜意识地运动起来，从而使你最终在现实中拥有这些东西的可能性大大增加。

7.2　你的罗马房间

罗马房间法消除了对想象的限制，让你想记多少就记多少。在纸上迅速地记下你最先想到的应放入你房间里的东西，以及你对房间的形状和设计等的想法。做完这些后，在另外一张纸上画出你理想中的记忆房间，无论是艺术家式的绘画，还是建筑师式的平面图、效果图都行，并在要布置及装饰的物体上标上名称。

首先为你要记忆的事项选择 10 个特定的位置，然后将这一数字扩大到 20、30、50 等，再在你的房子（城堡、乡村、城市、国家、银河或宇宙）中增加房间的数量。你可以将旅程从一个房间扩展到你最喜爱的楼宇、度假胜地或者你的住所。

如果你极具想象力，而且将其与浪漫情节结合起来，那么，你也许可以创造一座记忆宫殿，也就是将一个罗马房间扩展成一座罗马宫殿。它还有一个好处，就是能让你在脑海中创造一座想象和记忆的华美建筑。

许多人，包括各届记忆力冠军，发现这是他们最喜欢的方法。第一位世界记忆冠军得主并八次获此殊荣的多米尼克·奥布莱恩，在比赛记忆时用的就是这样的一些罗马房间、路线和思维导图。他使用大量的纸以囊括几百件需要放入记忆房间的东西。如果你也想这样做的话，那就开始动手吧！

当你完成这项任务后，在你的房间里做一次"思维漫步"，用你大脑皮质的整体功能去精确记忆房间里每一件东西的顺序、位置和数量，并用各种感官去感知色彩、味道、感觉、气味及房间里的各种声音。

| 下章提示 |

像前面学习记忆法一样，用罗马房间法做记忆练习时，既要单独做，也要和朋友们一起做，直到熟练为止。然后再尝试下一章的字母法，它是以上所学方法的一种变体。

第 8 章

字母法

字母法是本书所介绍的最后一种衣钩法，它在结构上与数字—形状
法和数字—韵律法类似。唯一不同的是，字母法不是用数字，而是
用字母做"钩子"。

像其他的记忆方法一样，字母法也要用上 12 种记忆技巧，才能取得良好效果。

构建字母记忆法的规则很简单：

- 选一个关键记忆形象词，这个词起始音节的发音要和与之相对应的字母的发音相同。
- 这个词要易于记忆。
- 这个词要易于想象。
- 这个词要易于绘制。

如果你为一个字母想到了几个词，请选用词典中最先出现的那个词。例如，字母 L 可选 elastic、elegy、elephant、elbow、elm 等。查词典时，最早出现的是 elastic，因此你应选用这个词。

之所以采用这一规则，是为了防备你万一忘记了某个字母的关键记忆形象词，马上就可以根据字母的顺序迅速地回想起正确的关键词。在前面所给的例子中，如果你忘记了字母 L 的字母形象词，你应该试试 ela，那么你就可以迅速回忆起 elastic。

如果字母发音本身就是一个单词（如字母 I 的发音构成单词 eye；J 构成 jay，一种鸟），那么就选用这个单词来做该字母的关键词。在某些情况下，可用有意义的首字母来代替复杂的单词——如用"U.N."（联合国）代替字母"U"。

下页有一张表格，列出了字母表中的所有字母。注意上面所讲的构建字母法的规则，在查看过后面的参考表后，用铅笔填上你自己的字母形象词。

现在你已经完成了初步设定关键词的步骤，请重新检查字母形象词，确保你能根据字母或字母所组成的单词发音记起字母形象词，而不仅仅是记起字母本身。例如，ant、bottle、case、dog 和 eddy 就不是正确的字母形象词，因为它们的第一个音节的发音与字母表中对应字母的发音不同。

对自己的字母形象词做过检查后，就可与下面推荐的表进行对比，并最终确定自己的字母形象词表。在第85~87页的空白处画出这些形象。

画完字母形象词的图像后，像前面学习其他方法一样，准确地回忆一遍，把这些图像按顺序、倒序和随机次序在脑海里显现出来。同样，你应该先单独练习，然后再与家人和朋友一起练习这种方法。

字　母	属于你自己的字母形象词
A	
B	
C	
D	
E	
F	
G	
H	
I	
J	
K	
L	
M	
N	
O	
P	
Q	
R	
S	
T	

字　母	属于你自己的字母形象词
U	
V	
W	
X	
Y	
Z	

字　母	推荐字母形象词	释　义
A	Ace	扑克牌中的A
B	Bee	蜜蜂（字母读音本身就构成一个单词，无论在什么情况下都应该选用这个词）
C	Sea	海（同上）
D	Deed	行为（合乎规则，虽然有人偏爱首字母DDT）
E	Easel	画架
F	Effervescence	沸腾
G	Jeep	吉普（或jeans，牛仔裤）
H	H-Bomb	氢弹
I	Eye	眼睛
J	Jay	松鸦
K	Cake	糕点
L	Elastic	有弹性的（或elbow，肘部）
M	MC（emcee）	司仪
N	Enamel	珐琅（或entire，全部的）
O	Oboe	双簧管
P	Pea	豌豆
Q	Queue	队列
R	Arch	拱形物
S	Eskimo	爱斯基摩人

续表

字　母	推荐字母形象词	释　义
T	Tea	茶（或T-square，T形广场）
U	Yew	紫杉木
V	Vehicle	交通工具（或VIP）
W	WC	洗手间
X	X-Ray	X射线
Y	Wife	妻子
Z	Zebra	斑马

A	B

C	D

E	F

G	H

I

J

K

L

M

N

O

P

Q

R

S

T

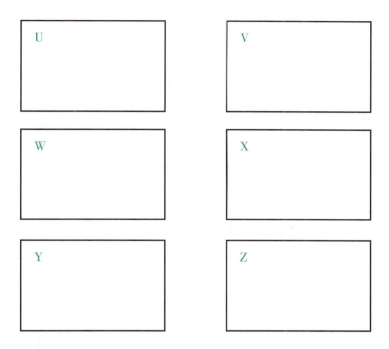

8.1　如何将记忆力提高一倍

现在，你已学过了 5 种入门记忆法：关联法、数字—形状法、数字—韵律法、罗马房间法和字母法。每种记忆方法既可单独使用，又可与其他方法结合起来使用。而且，假如你有一些事需要在一年以后甚至更久把它们回忆起来，那么你可以选其中几种记忆方法建立一个"永久的记忆库"。

8.1.1　记忆的冰块效应

在继续学习那些可记忆更多内容的方法之前，我想介绍一种既简单又令人着迷的方法，它能让你立即将到目前为止所学的各种方法的效能提高一倍。

当你用一种方法记住某件事后，又想再加上联想，你只需回到方法开始时，像通常那样准确地想象你的联想词就可以了。要注意的是，必须想象这些联想词好像被封冻在一个巨大的冰块中。这种简单的视觉化记忆技巧，将极大地改变你已形成的联想图像，并在你原来的框架中加入新的想象内容，从而使你记忆的效率提高一倍。

8.1.2 发挥作用的冰块因素

假如你用数字—形状法选择的第一个关键词是画笔，你就应该想象这支画笔要么是埋在巨大的冰块中间，要么是从冰块的棱上或边上突出来。

如果你在数字—韵律法中选用的第一个词是 bun（小圆面包），那么你可以想象，一个热的面包使冻住它的冰块开始融化。

如果你在字母法中所用的第一个词是 ace，那么你可以想象，一张巨大的扑克牌冻在一个六面体冰块的中间，或者把它当作六面体冰块的一面。

因此，假如你使用"第二"字母法（扑克牌被冻在一块巨大的冰块中），要记的第一项是鹦鹉（parrot），你可以想象鹦鹉撞碎冰块，穿过冰块中心的红心、黑桃、梅花或者方块，伴随着咯咯呱呱的叫声和噼噼啪啪的爆裂声。

现在你已经学习了入门级的记忆方法——基础的关联法和衣钩法，已经能够记住随意联系起来的事物、两组 10 个物品、许多有序物品（用罗马房间法）及 26 个有序物品。你还可以用冰块法将这一能力瞬间提高一倍。

你将要学习更高级、扩充性更强、更加精妙的方法。这些方法能帮你记住日期、名字、头像、梦及有数百乃至数千项内容的记事表。

下章提示

下一部分，我们将探讨基本记忆法，在此基础上可以衍生出无数其他记忆法，攻克电话号码、周年纪念日、历史日期及词语等记忆难题。

我已经记住了欧内斯特·海明威所著的《老人与海》一书中的3000多个单词，以及每个单词的坐标。如果你问我第8页第15行第6个单词是什么，我可以答出来。

克莱顿·卡夫罗

多米尼克·奥布莱恩的启蒙教育及现代记忆力奇迹的启发者

高级记忆体系

第三部分将告诉你如何运用基本记忆法加强记忆库。基本记忆法是一种神奇的记忆法，它能让你回想起成千上万个数据项目，包括扑克牌数、电话号码、日记日期、历史日期及词汇。

第 9 章
基本记忆法

目前你已经通过学习和练习基础的关联法及衣钩法来提高记忆力，帮助自己记住十几或者二十几件物品。现在，你可以学习终极基本记忆法了。它灵活、无限，能够让你记住数字、日期，让你用千万种不同的方法梳理记忆内容。

它叫"基本记忆法"，由斯坦尼斯劳斯·明克·冯·文斯欣（Stanislaus Mink von Wennsshein）发明，已使用并持续发展了约400年。

9.1　基本记忆法的专用代码[①]

在数字记忆中，我们会发现数字是无序的、混乱的记忆信息。在记忆数字的过程中，我们需要先将数字转换成有序的图像信息，这样才能提高记忆效率。每一个国家因为语言的发音及表达方式不同，编码都有所差异。所以对我国的读者来说，需要根据中文的语言体系来使用更适合我们自己的专用编码。

数字记忆法——01到10的数字编码

首先是从 01 到 10 的前 10 位数字的数字编码（平常我们在使用这些编码中，为了方便，个位数的编码可以通用，如 01 和 1 的编码相同，02 和 2 的编码相同，以此类推）：

01 小树

02 铃儿

03 山

04 帆船

05 手

06 手枪

07 锄头

08 耙

09 猫

10 棒球

---

① 本部分的记忆法案例是由世界记忆运动理事会 WMSC® 全球总裁判长，世界记忆大师（IMM），CCTV《挑战不可能》第四季、第五季特邀专家，世界思维导图之父"东尼·博赞"奖章获得者何磊先生提供。相关记忆技巧请参考 http://www.wmc-china.com。——出版者注

为什么我们要把数字转换成编码？

人的大脑是无法快速记住杂乱无章或者无序的信息的，如数字、乱码等，因为这些内容无法在大脑中产生图像。人在记忆的过程中，大脑会将记忆信息转换成图像再加以记忆，所以在记忆数字或者乱码的过程中，你会发现很快就会忘记这些记忆信息。因为这些数字仅仅产生了一个临时的图像，当我们忘记这个图像的时候，这些数字信息也就消失了。当然我们在记忆一些电话号码的时候，会发现这些号码非常深刻地记忆在大脑内，这是因为大脑进行大量的重复，已经将这些无序的信息加工成了一个完整的图像，所以我们可以牢记这些电话号码。

但是，大脑在生成这些图像时，需要大量重复，疲劳度会非常高。因此，为了降低大脑记忆这些数字的疲劳度，进而记忆更多的数字信息，我们可以先把这些数字转换成图像。

在转换过程中，有很多种方法可供使用。

1. 象形转换法

例如，01 的编码是鱼，我们可以想象数字 1 的画面，就是一条鱼，而 02 的编码是鹅，因为数字 2 的画面很像一只鹅。总之，要根据数字的形象来将它转换成固定的图像。

2. 谐音法

例如，25 的编码是二胡，40 的编码是司令，45 的编码是食物，50 的编码是武林高手。我们会发现，这些编码都是通过数字的谐音来进行编码。

3. 逻辑法

逻辑法和上述两种方法不同，比如 9 是猫，我们是通过猫有 9 条命来进行编码。51 的编码是劳动者，因为 5 月 1 日是劳动节。这些编码都根据逻辑推理得来。

现在，可以用这几种方法，来依次对 01~100 这 100 个数字进行编码。当然在编码的过程中，不一定要完全遵循以上几种方法，如果某个号码对我们自身有特别的意义，也可以使用相应的编码。比如 27 日是我重要朋友的生日，那么 27 可以编码成为生日蛋糕。而 56 是我的车牌号后两位，那么 56 这个数字可以编码成为汽车。编码是千变万化的，最终目的就是让这些数字与相应的图像建立连接。

01~100数字编码

01 小树	02 铃儿	03 山	04 帆船	05 手
06 手枪	07 锄头	08 耙	09 猫	10 棒球
11 筷子	12 椅儿	13 医生	14 钥匙	15 鹦鹉
16 杨柳	17 仪器	18 腰包	19 药酒	20 香烟
21 鳄鱼	22 双胞胎	23 和尚	24 闹钟	25 二胡
26 河流	27 耳机	28 恶霸	29 饿囚	30 三轮车
31 鲨鱼	32 扇儿	33 螃蟹	34 沙子	35 珊瑚
36 山鹿	37 山鸡	38 妇女	39 三角龙	40 司令
41 蜥蜴	42 柿儿	43 石山	44 蛇	45 食物
46 石榴	47 司机	48 丝帕	49 死囚	50 武林高手
51 工人	52 鼓儿	53 火山	54 武士	55 火车
56 蜗牛	57 武器	58 尾巴	59 五角星	60 榴莲
61 儿童	62 牛奶	63 硫酸	64 螺丝	65 尿壶
66 溜溜球	67 油漆	68 喇叭	69 漏斗	70 冰淇淋
71 鸡翼	72 企鹅	73 旗杆	74 骑士	75 西服
76 汽油	77 机器人	78 跷跷板	79 气球	80 巴黎铁塔
81 白蚁	82 靶儿	83 芭蕉扇	84 巴士	85 白虎
86 八路	87 白棋	88 爸爸	89 排球	90 酒瓶
91 球衣	92 球儿	93 旧伞	94 首饰	95 救护车
96 灯笼	97 酒旗	98 球拍	99 舅舅	100 望远镜

你现在已经掌握了设置数字 01~100 的编码方法，这是一种含有自身记忆模式的方法。正如你已经看到的那样，这种方法基本上是没有什么限制的。换句话说，现在你已经能用编码来代替数字 09，也能用这些编码为数字 01~100 设计关键形象词，那么你应该还能为数字 101~1000 设计关键形象词。当然，这一方法可以继续扩展。为了那些和你一样希望达到这个目标的人，我开发了一个叫作 SEM³（自我增强型大师级记忆矩阵）的方法，第四部分将会对此进行详细介绍。

9.2 创造数字101~1000的关键记忆形象词

如果你想把基本记忆法扩大到超过 100，下一步的任务就是仔细研究基本记忆法的关键记忆形象词汇表。显然一次性完成的工作量太大，所以我建议把研究和形成图像的目标定得合理一些——比如每天只记其中的 10 项。

根据中文的特点和国人的使用习惯，编制"3 位数代码"（即 1000 个数字代码）时通常仍然采用"谐音法、象形法、逻辑意义法"，只是难度会比 2 位数编码大很多。在此仅举部分例子说明。

例如，谐音法的有：172，一只企鹅；192，一个球儿（皮球）；198，一家酒吧。

象形法的有：222，三只鹅；555，三只手；777，三面旗帜；888，三个篱笆。

逻辑法的有：101，斑点狗（有个非常知名的动画片叫《101 斑点狗》）；211，可以想象一个非常好的大学；911，可以想到美国的警察。

对数字编码表，要尽你所能把关键词的图像固定下来。请记住：当你记这张表时，必须同时使用大脑左、右两边皮质的功能，并确保在复习和巩固顺序的同时，提升你的想象力、创造力和各种感官的敏感度。

即使某些词是抽象的概念，也要发挥想象力使它们具体化。换句话说，在任何情况下，你都必须使记忆词尽可能地形象化和具有可记忆性。记住第 3 章的规则：运用 SMASHIN' SCOPE 法则。

在某些记忆词的概念与前面的关键词类似的情况下，要特别注意尽可能地使它们在图像上有所差别。比如，气球、排球和球儿，我们可以用乒乓球、保龄球或足球来代替"球儿"，用以和其他球区分开。"球儿"必须是严格的表达方式，因为它是用来谐音"92"的。如果直接换成保龄球或足球，就很容易忘记它是代表数字"92"了。其他类似的情况也有很多。注意这样的区分，你将能体会到，在基本记忆法中，强化关键词不仅能使你按顺序或随机地记住数量惊人的 1000 件事，而且可以锻炼你的创造性关联能力，而这种能力是记忆任何东西都必须具备的。

9.3 如何将已学的知识扩大 10 倍

只要你的想象力向前跃进，你就可能从用于记忆 100 项事物的基本记忆法创造出记住 1000 项事物的记忆方法，同样也能从记忆 1000 项事物的记忆方法创造出记忆 10 000 项事物的记忆方法。

利用第 8 章所述的冰块法就可以达成这一目标，只需要用冰块给你基本记忆法的各个部分"穿衣""包装"或"上色"。每 100 个数字，用一种不同的"物质"。例如，为把 100 个基本关键形象词用这种新的倍增法扩展到 1000 个，你应该用下述方法调整你基本记忆法的各个部分：

100~199	放在一块冰中
200~299	盖上一层厚厚的油
300~399	放在一个框子中
400~499	涂上鲜明生动的紫色
500~599	用漂亮的天鹅绒制成
600~699	完全透明
700~799	闻起来有你喜欢的芳香味
800~899	放在高速公路正中央
900~1000	漂浮在一朵云上，徜徉在阳光灿烂的美丽天空中

例如，06 是手枪，那么 106 就是一个冰块里面有把手枪；42 是柿儿，那么 142 就是冰块里冻住了一个完整的柿子（柿儿）；78 是跷跷板，那么 178 就是冰块里冻着一个跷跷板。以此类推，百位数是统一的图像，例如，1 是冰块，百位数的图像在原来两位数的图像基础上形成一个新的编码。

为了使这以 100 为单位的 10 组都倍增为 1000 个，使总数变成 10 000 个，你可以再次使用相同的方法。例如，用彩虹的颜色，可使每组 1000 个单词都沐浴在不同的颜色中。类似地，你可以赋予每组 1000 个单词不同的色彩、不同的声音、不同的气味、不同的味道、不同的触感或不同的感觉。

在这些例子中，选择什么方式拓展你的记忆由你决定，但原则上最好选那些令你印象最深刻的方式。

像学习前面所有方法一样，单独练习或与朋友一起练习基本记忆法。你可能已经开始感到记忆书本内容、准备考试及类似的任务变得越来越简单了。

有兴趣进一步了解超级记忆法的读者，可参考本书第四部分对自我增强型大师级记忆矩阵（SEM³）的详细介绍。

下章提示

　　基本记忆法的应用范围就像这种方法本身一样，几乎是没有限制的。本书后面的章节将使你了解如何用这种方法来记扑克牌、长的数字、电话号码、历史事件日期、生日和周年纪念日、考试知识等内容。

第 10 章

扑克记忆法

现在你可以用学过的记忆术来记忆一整副扑克了。当然，你可能不
会一次成功。

请读一读下面这则故事。

1991 年，我和雷蒙德·基恩举办了第一届世界记忆锦标赛。当时，一位优秀的选手能够在 5 分钟左右的时间内准确记住一副洗过的扑克。回想 1987 年，"记忆王"始祖克莱顿·卡夫罗用 2 分 59 秒的时间突破了 3 分钟大关。多米尼克·奥布莱恩正是受此鼓舞才最终成为一位世界冠军级别的记忆大师。

参赛选手要做的就是按顺序记住一副洗乱的扑克，完成之后，马上将扑克递给裁判，并举起一只手。所以，参赛选手必须准确记住整副扑克（零错误率）然后举手。在第一届世界记忆锦标赛上，多米尼克·奥布莱恩在 2 分 29 秒时，一边迅速举起手，一边将扑克递给裁判。最终，在苦闷的等待之后，多米尼克的裁判确认他已经完全记住了整副扑克。随后，专家立即宣布这几乎已经是人类的极限。

时间推进到 15 年之后，记忆一副洗过的扑克所需的时间已经降到了 30 秒左右。"速记扑克"环节的 30 秒大关一度成为整个大脑记忆运动史上所有记忆选手想要摘取的圣杯。

2008 年，本·普利德摩尔居然用 26.28 秒的成绩打破了那看似牢不可破的纪录。这无疑是对所谓的人类极限进行的一次前所未有的超越。它大大地提升了人类大脑极限，与英国短跑运动员罗杰·班尼斯特用 29.76 秒的成绩打破"四分钟一英里"纪录的效果相同。

这些惊人的成绩越发证明了人类的记忆力超越了心理学家所能预测的记忆极限。

10.1 秘诀是什么[①]

记住整副扑克牌的秘密是将每张牌的关键记忆形象与所学的基本记忆法关联起来。为此，需要给每张牌创造一个关键记忆形象词，使其有一个专用代码。每一个代码与每一张牌一一对应。

参加世界记忆锦标赛的中国记忆选手，普遍采用的做法是：用基本记忆中的数字编码与扑克牌相对应。具体操作方式为：扑克牌去掉大小王之后，还剩 52 张，分为黑桃、红心、梅花、方块，共 4 种花色。每种花色都有 3 张花牌：J、Q、K。

我们定义：♠（黑桃）下面有一条小尾巴，像一竖，用数字"1"表示；♥（红心）上面有两个瓣，用数字"2"表示；♣（梅花）有三个瓣，用数字"3"表示；♦（方块）有四条边，用数字"4"表示。黑桃 A 实际用数字"11"表示，黑桃 2 用"12"表示，依次类推，黑桃 9 用"19"表示，黑桃 10 用"10"表示。同理，其他花色的 A ~ 10，也用对应的数字表示。

对四个花色的 J、Q、K，共 12 张花牌，处理方式可以有两种。一种是自定义，分别从《西游记》《三国演义》《水浒传》中各选择 4 个著名的、有显著特征的人物，作为 12 张花牌的代码。另一种方式是仍然选择使用数字编码来替代。黑桃也像数字"9"，红心也像数字"6"，梅花也像数字"8"，方块的右半边也像数字"7"。黑桃 J、Q、K，分别用数字 91、92、93 表示；红心 J、Q、K，分别用数字 61、62、63 表示；梅花 J、Q、K，分别用数字 81、82、83 表示；方块 J、Q、K，分别用数字 71、72、73 表示。

---

① 本部分的记忆案例是由世界记忆运动理事会 WMSC® 全球总裁判长，世界记忆大师（IMM），CCTV《挑战不可能》第四季、第五季特邀专家，世界思维导图之父"东尼·博赞"奖章获得者何磊先生提供。相关记忆技巧请参考 http://www.wmc-china.com。——出版者注

10.1.1　一副标准扑克牌的记忆形象词

下面是一副标准扑克牌和它们的记忆形象词列表。

花色 牌数	♠	♥	♣	♦
A	11	21	31	41
2	12	22	32	42
3	13	23	33	43
4	14	24	34	44
5	15	25	35	45
6	16	26	36	46
7	17	27	37	47
8	18	28	38	48
9	19	29	39	49
10	10	20	30	40
J	91	61	81	71
Q	92	62	82	72
K	93	63	83	73

有了与数字的对应关系，记扑克牌就变成了记数字。只要把数字代码记熟练就可以了。

10.1.2　原理是什么

那么记忆高手是如何迷惑观众的呢？答案相当简单：当大声叫到一张牌时，他就把那张牌与基本记忆法中的数字联想在一起了。

例如，第一张扑克牌是"黑桃9"，黑桃所代表的数字是1，"黑桃9"则对应数字19，在我们基本记忆法中的数字19的编码是药酒，那么黑桃9我们就可以使用"药酒"的编码。

同样地，黑桃 A 对应的数字是 11，而 11 的编码是筷子，则黑桃 A 对应的编码是筷子，以此类推：

黑桃2对应12，编码：椅儿

黑桃3对应13，编码：医生

黑桃4对应14，编码：钥匙

黑桃5对应15，编码：鹦鹉

在记一整副牌时，把基本记忆法当作钩子，在它上面挂上 52 件事。你能明显地感觉到，你正在同时使用左脑的逻辑、分析、顺序、数字的功能和右脑的想象、色彩、节奏、感觉等功能。通过这几个例子，你应该已经明白，记住一副无论以什么顺序摆在你面前的牌其实是一件很容易做到的事，当你在朋友面前表演时，这种技巧会给人留下深刻的印象；而且如果你敢于参加世界记忆锦标赛，这将成为比赛的一块基石。

10.2　如何进一步提高记忆力

记牌的能力还可进一步提高。你可以让人按随机的顺序给你念一副牌，留下六七张不念，你能毫不犹豫地说出这六七张牌是什么。

有两种方法可以做到这一点。

第一种方法与第 4 章中所述的关联法相似，一旦叫到某张牌，你就把这张牌的形象词联想到一个较大的概念中去，如前面提到过的冰块等。当所有的扑克牌摆出来后，就可以在头脑中简单地浏览一下扑克记忆形象词列表，找出那些没有与大的记忆概念相关联的词语。例如叫到"梅花 4"，你应该这样想象：这张牌沿着巨大的冰块滑走了，或者被冻在冰块中。你不可能忘掉这种形象，但如果没有叫"梅花 4"，你会马上意识到你没有记忆任何与这张牌有关的东西。

另一种方法是，当叫到某张牌时，以某种方式更换或改变这张牌的记忆形象词。例如，叫到"梅花 K"，你头脑中的图像就是一根类似穴居人用的棍子（club 也有"棍棒"的意思），你可以想象这根棍子被劈成两半。如果叫的是"红心 2"，正常的图像是一对双胞胎，你可以想象他们紧紧地抱在一起，甚至合二为一。

本章所介绍的方法虽是记扑克牌的基础，但很少有人在真正打牌时用到它。其实，这种记牌的方法对玩牌也是非常有用的。你肯定见过一些人，嘴巴里不停地念叨着自己出过的或对手手中的牌，也一定见过他们因无法准确地记住牌而叹气的样子。

掌握了这种新的记忆方法，完成这样的记忆任务就变得很容易，甚至是一种乐趣。不管你是把这种方法用于正式的扑克比赛，还是仅仅用于娱乐，在整个过程中你都在不停地训练你的创造性记忆能力，并且使你的大脑变得更灵光。

┤ 下章提示 ├

接下来，让我们看一下如何记住长数，特别是电话号码。

第 11 章

用长数记忆法提高你的智商

你可能会发现第1章中的那些长数记起来特别难。那是因为,在智商测试中,大多数人最多能记住7位或8位数字。那么对长数,有没有记忆方法呢?

如果让人们记忆 958621903777 这样一个长数，大多数人会做下列尝试：

- 不断地重复所给的数字组合直到把自己都搞糊涂。
- 把这个长数按每 2 个或 3 个数字一组分组记忆，实际上这样做就把数字的排列顺序和内容弄乱了。
- 按数字出现的前后顺序找出数字之间的数学关系，这样将不可避免地"失去线索"。
- 按数字呈现的样子用"照相"方式全盘记下，但一旦碰到相似的长数时，这种照片就会变得越来越模糊。

回想一下你在第 1 章长数记忆测试中的表现，你就会认识到，你所用的方法就是上述方法中的一种或几种的组合。

至此，基本记忆法可以再一次派上用场，让记忆长数变得容易而富有乐趣。

虽然我们不用基本记忆法作为衣钩去记忆 100 或 1000 项事物的长表，但我们可以汲取这种方法灵活性强的长处。回到基本的代码及你为数字 01~100 所创建的基础的关键形象词，便可以将关键形象词和关联法结合起来记忆任何你想记的长数。

11.1　用基本记忆法中的关键形象词为数字配对[1]

以本章开头提到的数字 958621903777 为例，在顺序上，它是由下列

---

[1] 本部分的记忆法案例是由世界记忆运动理事会 WMSC® 全球总裁判长，世界记忆大师（IMM），CCTV《挑战不可能》第四季、第五季特邀专家，世界思维导图之父"东尼·博赞"奖章获得者何磊先生提供。相关记忆技巧请参考 http://www.wmc-china.com。——出版者注

较小的数字组合单位构成的，每个数字后面都写着它的基本记忆法关键形象词：

95　救护车

86　八路

21　鳄鱼

90　酒瓶

37　山鸡

77　机器人

　　为了记住这个"长得没法再长"的数字，现在你要做的是用基本的关联法，把这些关键词编成一个简短而富有想象力的小故事。例如，可以想象：在救护车里（95）有一名八路（86）正在抓一条鳄鱼（21），而鳄鱼嘴里叼着一个酒瓶，被抓的过程中，酒瓶被甩了出来，砸中了一只山鸡（37），山鸡被砸晕了，爬起来用嘴啄机器人（77）。

　　现在，闭上你的眼睛，并重新回想一下这个小故事。

　　然后，回忆关键形象词，并把它们转换成数字，就可得到：

救护车　　95

八路　　　86

鳄鱼　　　21

酒瓶　　　90

山鸡　　　37

机器人　　77

95　86　21　90　37　77

11.2　尝试三个数字一组

仅用两个数字为一组的方法来记长数，效果是不理想的。如果考虑把长数分成三个一组的数字，可能会稍微容易一些，有时甚至非常容易。用 429851730584 这个数字来试一下，它可分成下列几组数字：

429　十二舅

851　扒我衣

730　骑三菱

584　我发誓

为了记住这个比前面那个更长的数，只要再次用基本关联法把基本的关键形象词编成只有一个场景的小故事就可以了。运用你右脑的想象力：十二舅（429）看我太热了，扒了我的外衣（851），然后骑着三菱（730）摩托车带着我跑了，我发誓（584）下次坐摩托车绝不会脱外衣，因为太冷了。

再次闭上眼睛，在脑海中重放这个小型幻想故事。

现在，回忆那些关键词，并把它们转换成数字，就可得到：

十二舅　429

扒我衣　851

骑三菱　730

我发誓　584

429　851　730　584

11.3　使用其他关联法

你也可以用罗马房间法和字母法，简单地把你用长数编好的关键词放入字母或罗马房间中。判断一下对你来说哪种方法是最佳的长数记忆法，然后检查一下这种数字记忆法与其他方法在效果上的差异。最后请回到第 1 章的那些基本测试，看看记住原先的那些数字是多么容易。

下章提示

　　一旦你掌握了这种技巧，它不仅能使你的记忆力和创造性想象力得到进一步改善，也将实实在在地提高你的智商。智商测试的其中一项就是记忆数字的能力。对这种测试，一般人的得分范围是6~7分;如果你能得到9分或9分以上，则说明你在这一部分的智商高达150或更高。想想你新发现的技巧将会使你在IQ测试中取得多么骄人的成绩! 从抽象数字转到实用电话或手机号码的记忆是极其容易的。

第 12 章
电话号码记忆法

即使你将电话号码存储在了手机、电脑或者其他设备中，也会有很多时候需要你从脑海中调取电话号码。

事实表明，记住电话号码比忘记电话号码容易，因为，基本记忆法可以再一次帮你解决这个问题。

大部分电话号码被存储在手机、电脑里或者写在大小不同、颜色和形状各异的纸条上，然后放在口袋、抽屉、公文包里。其实，电话号码无处不在，任何你能想得出来的地方都有它，唯独缺席了它本该存在的关键场所，那就是记忆。

12.1　如何记忆电话号码[①]

记住电话号码的程序是将需要记忆的数字转换成基本记忆法的专用代码，然后把代码与电话机构或主人联系起来。

让我们以第 1 章中电话号码测试中已记过的 10 个机构的电话号码来开始尝试：

名　字	号　码
保健食品商店	7875953
网球伙伴	6407336
气象局	6910262
新闻机构	2429111
花店	7258397
汽车修理厂	7813702
剧院	8699521
夜总会	6441616
社区中心	4578910
饭馆	3546350

下边我们给出一些记住上述 10 个号码的可行方案。

- **保健食品商店**：787-5953。先把电话号码拆分为：78（跷跷板）—75（西服）—95（救护车）—3（山），想象：保健品店门口有个跷跷板（78）上挂了一件西服（75），原来人已经被救护车（95）送到山里（3）了。

- **网球伙伴**：640-7336。先把电话号码拆分为：64（螺丝）—07（锄头）—33（螃蟹）—6（手枪），想象：网球伙伴把一个螺丝（64）安

---

① 本部分的记忆案例是由世界记忆运动理事会 WMSC® 全球总裁判长，世界记忆大师（IMM），CCTV《挑战不可能》第四季、第五季特邀专家，世界思维导图之父"东尼·博赞"奖章获得者何磊先生提供。相关记忆技巧请参考 http://www.wmc-china.com。——编者注

在了锄头（07）上，在地里挖出了一只螃蟹（33），然后把螃蟹改装成了一个玩具枪（6）。

- **气象局**：691-0262。先把电话号码拆分为：69（漏斗）—10（棒球）—26（河流）—2（铃儿），想象：气象局的工作人员拿着漏斗（69）看天气，告诉远处的人，今天要下雨不能打棒球（10），打棒球的球员把棒球打入了河流（26）里，打中了水里的铃儿（2）。

- **新闻机构**：242-9111。先把电话号码拆分为：24（闹钟）—29（饿囚）—11（筷子）—1（小树），想象：新闻机构的闹钟（24）响了，主持人开始播报新闻，一个饿囚（29）拿着筷子（11）吃小树（1）的树皮。

- **花店**：725-8397。先把电话号码拆分为：72（企鹅）—58（尾巴）—39（三角龙）—7（锄头），想象：花店里有个企鹅（72），它的尾巴（58）上挂着一个三角龙（39），花店的老板用锄头（7）帮它修理了尾巴。

- **汽车维修厂**：781-3702。先把电话号码拆分为：78（跷跷板）—13（医生）—70（冰淇淋）—2（铃儿），想象：在汽车修理厂里有一个跷跷板（78），医生（13）躺在跷跷板上，吃着冰淇淋（70），摇着铃儿（2）。

- **剧院**：869-9521。先把电话号码拆分为：86（八路）—99（舅舅）—521（我爱你），想象：我们要去剧院看喜剧，在坐八路（86）公交车去剧院的路上看到了舅舅（99），对着舅舅说，我爱你（521）。

- **夜总会**：644-1616。先把电话号码拆分为：64（螺丝）—41（蜥蜴）—61（儿童）—6（手枪），想象：夜总会的墙上有颗螺丝（64），从螺丝缝隙里，爬出来一只蜥蜴（41），爬到了儿童（61）的头上，儿童害怕得用玩具手枪（6）打它。

- **社区中心**：457-8910。先把电话号码拆分为：45（食物）—78（跷跷板）—91（球衣）—0（望远镜），想象：社区中心在发食物（45），工作人员拿起了跷跷板（78）上的球衣（91），包住了摔坏的望远镜（0）。

- **饭馆**：354-6350。先把电话号码拆分为：35（珊瑚）—46（石榴）—

35（珊瑚）—0（望远镜），想象：饭馆里墙上的装饰很好看，两边都是珊瑚（35），中间是一个石榴（46），【珊瑚 石榴 珊瑚（35）】的排列，我得用望远镜（0）来看它。

如何记忆难度更大的电话号码

在某些情况下，记忆数字组合可能存在着较大的困难，或者几乎无法找到一个合适的词语或短语做记忆内容的关键字。即使在这种情况下，解决的方法也相当简单。在第一种情况下，可用你不得不记忆的那些数字组成一些不恰当的字，然后再用基本记忆法，以荒谬或夸张的想象把这些词与你所记忆的电话号码的主人联系起来。

例如，如果你的某个朋友喜欢打高尔夫球，他的电话号码是491－4276。你可以用基本记忆法的关键词来代替，用 49 代表死囚、14 代表钥匙、27 代表耳机、6 代表手枪。记住这个号码的图像应该是：这个喜欢打高尔夫球的朋友是个死囚（49），他拿着钥匙（14）打开了柜子，拿出了耳机（27），耳机被玩具手枪缠住了（6）。

这些例子确实很特别。现在就要看你自己如何运用这种记忆法去记住你需要记住的电话号码了。

12.2　实战演练

现在你已掌握了电话号码记忆法的基础，你必须把它与你的生活联系起来。因此，在下面留出的空白处，填上你必须记住的至少 10 个人或地方的电话号码，在读下一章之前，必须保证你已牢牢地记住了上述10 个电话号码。

在形成图像时，请记得运用 12 种记忆技巧，并充分认识到这一点：你做练习时越快乐、越幽默、越富有想象力，那些电话号码就记得越牢。

我最重要的 10 个电话号码：

1. _____

2. _____

3. _____

4. _____

5. _____

6. _____

7. _____

8. _____

9. _____

10. _____

| 下章提示 |

　　日程表和约会时间是人们眼中另外两个难记的项目，接下来让我们一起看看记忆它们的方法。

第 13 章
记忆日程表和约会的方法

这一章将介绍两种方法：第一种是供当天立即使用的，第二种是为记一个星期的日程和约会而设计的。

许多人发现，约会和日程表像电话号码一样难记。人们通常用相似的方法应对这一难题，即把它们记在日记本或者平板电脑、电脑桌面日志工具里。不幸的是，许多人总是忘了把这种记录本带在身边，或者是不能在需要时及时把信息调出来。

13.1 联系日程表与记忆法

第一种记忆方法运用了基本的衣钩法。

将记忆法中的数字与你约会的时间联系起来。一天有 24 小时，你可以将较短数字的记忆方法结合起来形成完整的 24 小时，也可以选用某个较长数字的记忆方法的前 24 个关联词对应 24 小时。

假定你有下列安排：

去健身房是早上7点，而7的编码是锄头，可以想象去健身房的人都拿着锄头（7）进行健身；

10点去看牙医，10的编码是棒球，我们不妨想象牙医喜欢用棒球（10）的棒子敲打别人的牙齿；

下午13点吃午饭，13的编码是医生，看完医生（13），我们就要吃午饭了；

晚上18点参加董事会，18的编码是腰包，每次去董事会都要带着心爱的腰包（18）；

晚上22点去看电影，22的编码是双胞胎，去看电影的时候，每次我们的左右邻座都是双胞胎（22）。

在一天开始之时，首先浏览一下日程表并用联想词检查一下。

晨跑或者去健身房健身的时间是上午 7 点，可用基本记忆法的关键词"锄头（7）"代表。想象健身房里所有的人都是手握锄头的农民。

在上午 10（棒球）点钟，你与牙医有一个预约。想象你的牙齿被棒球（10）打掉几颗，然后需要去看牙医。

你下午 13 点的安排是吃午餐。13 的关键词是"医生"。想象你和一群医生在一起吃午餐。

下午 18 点，你要参加董事会。数字 18 的关键词是"腰包"。这很容易联想到：你在董事会上，发现所有人的腰包（18）都是鼓鼓的，因为董事会的成员都是股东，分了很多钱。

你当天的最后一个安排是晚上 22 点去看晚场电影。22 的关键词是"双胞胎"，所以你可以想象，电影屏幕上出现了一对双胞胎。

你可以很容易地对这 5 个约会进行"设定"，或者用关联法把刚才的图像连接起来，或者简单地把每个图像放在你的基本数字—形状法或数字—韵律法中。

13.2 给周日程排序

第二种方法可以记忆一周的日程和约会。

以星期天作为每周的第一天，然后依次给每天设定一个数字：

星期一——01

星期二——02

星期三——03

星期四——04

星期五——05

星期六——06

星期天——07

给每天设定一个数字后，你就可用上述第一种方法来处理一天当中的 24 小时，就像火车、轮船和飞机的时刻表一样。一天有 24 小时，从 24 点（午夜）经过凌晨 1 点、中午 12 点、下午 1 点，又回到午夜（24 点）。因此，对本周的任何一天和任何一小时，都可用二位或三位数字表示——日期在前，小时在后。然后，需要做的就是将每组数字转换成基本记忆法表中的词语。找好词语后，就可以把它们与相应的约会联系起来。

例如，周三早上的12点，有一个重要的会议，那么周三的数字是03，12点的数字是12，合起来数字是0312，而0312的编码分别是山（03）和椅儿（12），则这个重要的会议是在山（03）上坐着椅子（12）开的。所以这个重要的会议是周三的12点。

再举一个例子，例如，周五下午4点（16点），我们需要邮递一个文件。周五的数字是05，16点的数字是16，合起来数字是0516，而0516的编码分别是手（05）、杨柳（16），则邮寄什么重要文件呢？就是用手（05）把杨柳（16）拔出来邮寄了。所以是周五下午16点我们需要邮寄重要的文件。

简易方法

你可能认为这种方法有点不方便，因为它需要对基本记忆法的大多数知识有相当透彻的了解，但这种局限性可用"循环"一天时间的办法来解决，使之适应事情特别多的某些日子。例如，如果你一天的安排是从上午10点开始的，那么就可以在约会记忆法中将上午10点当作1。以这种方式，你一天中最主要和常用的时间数字，将几乎可以全部用基本记忆法中10~100中的两位数字来代表。正如掌握每天日程安排记忆技巧一样，可以将一周的日程安排通过按顺序把图像与基本记忆法连接起来的方法解决。

在练习时，最好从每日记忆法开始，逐渐熟悉这种方法后，再转到一周日程表的记忆法。

┤ 下章提示 ├

出于实际操作考虑，通常建议先使用每日记忆法，待熟练后再转向每周记忆法的使用。

第 14 章

记忆 20 世纪日期的方法

在完成本章学习之后，你将可以准确地说出20世纪的任意一天是星期几!

14.1　记忆日期的方法

有两种方法可用。第一种又快又简单，但只能用于指定的某一年的任意一天；第二种方法却能记忆 100 年中的任何一天，因而相对难一点。这些方法的出现大部分归功于哈里·洛仑（Harry Lorayne），一位知名的北美记忆专家。在用第一种记忆方法时，假设你想知道 1971 年中的任意一天是星期几，只需要记住下列数字就可以了：377426415375。你可能会说"不可能"，但一旦了解这种方法后你就会明白，事实上这种方法操作起来非常简单。上述长数中的每一个数字，代表 1971 年每个月第一个星期天的日期。例如，4 月份的第一个星期天是当月的 4 号，12月的第一个星期天则是当月的 5 号，以此类推。一旦你记住了这组数字（如果有困难的话，请参考前面关于记忆长数的章节），你就可以迅速地算出某年某月某日是星期几。

最好是用例子解释一下这种方法，假设你的生日是 4 月 28 日，你想知道那天是星期几。观察上面长数中的第四位，你会看到第一个星期日落在 4 月的第四天。在这第一个星期天的日期上加 7，你就可以迅速地算出当月第二个星期天为 11 号（4+7=11）；第三个星期天为 18 号；第四个星期天为 25 号。到此，你可以排列剩下的日期和星期，直到确定所问的日期：4 月 26 日为星期一，4 月 27 日为星期二，4 月 28 日为星期三。这样，你的生日就是 1971 年 4 月的一个星期三。

假设你想知道当年最后一天是星期几，过程是类似的。知道了最后一个月的第一个星期天是 5 号后，你可以加上代表以后几个星期的三个7，直到 26 号这个星期天。排列接下来的几天和星期就可以得到：27 号星期一；28 号星期二；29 号星期三；30 号星期四；31 号（当年的最后一天）为星期五。

正如你所了解的，这种方法可用于计算任一给定年份中某月某天是星期几。你要做的是用当年每个月的第一个星期天的号数组成一个记忆数，事实上你也可以用当年每月的第一个星期一、星期二等的号数来组成一个记忆数；然后加几个 7，直到接近你要知道的那一天；接着排出剩下的几天是星期几，直到想知道的那一天。

考查某年的记忆数与邻近年份记忆数的关系时，我们发现了一个有趣的现象：每年某月第一个星期几的日期随年份的增加而减 1，闰年除外。闰年时，多余的一天要在日期上减 2。例如，在 1969 年、1970 年、1971 年，1 月份的第一个星期日的日期分别是当月的 5 号、4 号和 3 号。

本章要介绍的第二种方法是计算 1900—2000 年间任何一天是星期几的方法。这一方法需要为每一个月设定一个数字，这个数字在不同年份总是不变的。每个月的数字如下：

1月	1	7月	0
2月	4	8月	3
3月	4	9月	6
4月	0	10月	1
5月	2	11月	4
6月	5	12月	6

有人建议用联想法来记忆这些内容，例如，1 月（January）是第一个月份；2 月（February）的第四个字母是 r，它代表 4，以此类推。但我认为用下面的数字记忆更好一些：144025036146。用代表这些数字的字母组成关键词：DRaweR（抽屉）、SNaiL（蜗牛）、SMaSH（打碎）和 THRuSH（画眉鸟）。然后再用想象的办法将这些单词相互关联起来。你可以想象抽屉里的一只蜗牛被一只画眉鸟啄碎了。用这种办法就可记住每个月的关键数字。

除了每个月有关键数字，每年也有关键数字。我已列出了 1900—2000 年的关键数字。

0	1	2	3	4	5	6
1900	1901	1902	1903	1909	1904	1905
1906	1907	1913	1908	1915	1910	1911
1917	1912	1919	1914	1920	1921	1916
1923	1918	1924	1925	1926	1927	1922
1928	1929	1930	1931	1937	1932	1933
1934	1935	1941	1936	1943	1938	1939
1945	1940	1947	1942	1948	1949	1944
1951	1946	1952	1953	1954	1955	1950
1956	1957	1958	1959	1965	1960	1961
1962	1963	1969	1964	1971	1966	1967
1973	1968	1975	1970	1976	1977	1972
1979	1974	1980	1981	1982	1983	1978
1984	1985	1986	1987	1993	1988	1989
1990	1991	1997	1992	1999	1994	1995
	1996		1998			2000

这种方法不那么容易掌握，但稍加练习就几乎能使它成为你的第二本能。方法如下：给定月份、日期和年份；把代表月份的关键数和日期数加起来；然后再把得数与代表年份的关键数加起来。从所得的总数中减去 7 的倍数，余数就是要知道的星期几，以星期天为 1、星期一为 2，以此类推。如果上述三个数的总和能被 7 整除，如 28 等，那么就应该少减一个 7（如果是 28 就应减三个 7，共 21 天，而不是减去四个 7）。

我们将举两个例子来验证这一方法，假如，我们要搜寻的日期是 1969 年 3 月 19 日。3 月份的关键数是 4，把它加到日期上去，4+19=23。然后把这一得数加到代表 1969 年的关键数上去。参考上表，我们得知这一数字是 2，即 23+2=25。从 25 中减去三个 7，即 25-21=4。那么 1969 年 3 月 19 日就是一周的第四天，即星期三。第二个例子是 1972 年 8 月 23 日，8 月份的关键数是 3，3+23=26。1972 年的关键数是 6，6+26=32。从 32 中减去四个 7，余数为 4，那么 1972 年 8 月 23 日为星期三。

这种规则只有在闰年时例外，并且只在闰年的 1 月和 2 月例外。计算方法是一样的，但对闰年这两个月来说，实际的星期几比你计算出来的星期几早一天。

| 下章提示 |

像掌握其他方法一样，熟练掌握这两种基本方法的最好方式是练习，且要按照循序渐进、先易后难的方法练习。

第 15 章

记忆重要历史日期的方法

本章所介绍的方法将帮助你记住历史上一些有意义的日期。

在第 1 章的记忆测试中，有一张列有 10 个历史事件日期的表。记住这些或与之类似日期的方法很简单，与记电话号码的方法相似，只要将代表日期的数字代码与历史事件联系起来。让我们试用这一方法来记忆历史日期。

1. 1666年　伦敦大火

16的编码是杨柳，66的编码是溜溜球，我们可以想象：伦敦大火的起因是因为杨柳（16）上面挂了一个着火的溜溜球（66）。

2. 1770年　贝多芬诞辰

17的编码是仪器，70的编码是冰淇淋，我们可以想象：贝多芬刚出生的时候，他的妈妈在用仪器（17）给他做冰淇淋（70）。

3. 1215年　《英国大宪章》签订

12的编码是椅儿，15的编码是鹦鹉，我们可以想象：英国人在椅子（12）上和鹦鹉（15）签订了大宪章。

4. 1917年　十月革命

19的编码是药酒，17的编码是仪器，我们可以想象：由于工人不小心把药酒（19）倒在仪器（17）上，把仪器烧坏了，从而点燃了十月革命的导火索。

5. 1454年　欧洲发明活字印刷术

14的编码是钥匙，54的编码是武士，我们可以想象：欧洲人拿钥匙（14）打开了活字印刷的设备，印出了武士两个字（54）。

6. 1815年　滑铁卢战役

18的编码是腰包，15的编码是鹦鹉，我们可以想象：滑铁卢战役之所以失败是因为把腰包（18）里的鹦鹉（15）放跑了。

7. 1608年　发明望远镜

16的编码是杨柳，08的编码是耙，我们可以想象：发明了望远镜后，我们站在杨柳上（16）看远处的耙（08）。

8. 1905年　爱因斯坦的"相对论"问世

19的编码是药酒，05的编码是手，我们可以想象：爱因斯坦喝了药酒（19）以后，用手（05）写出了相对论。

9. 1789年　法国大革命

17的编码是仪器，89的编码是排球，我们可以想象：因为仪器（17）老是发射排球（89）打到了法国人，所以导致了法国大革命。

10. 1776年　美利坚合众国诞生

17的编码是仪器，76的编码是汽油，我们可以想象：人们拿着仪器（17）开采了石油（76），他们变得富有了，然后他们成立了美国。

┤ **下章提示** ├

　　下一章，我们将运用一种记忆法记忆生日和纪念日，好让我们不再出现忘记重要日期的尴尬。

第 16 章

记忆生日、纪念日等日期的方法

下面的方法对你来说将是很容易的，因为它利用了一些你已经学过的方法。它还比其他许多方法更容易记忆，因为基本记忆法可作为记忆月份和日期的"关键"（其他方法通常需要专门为月份设计代码）。

16.1　记忆方法

这一方法的用法如下：月份用数字 1~12 来代表，并从基本记忆法中找到对应的关键词。

1 月　小树

2 月　铃儿

3 月　山

4 月　帆船

5 月　手

6 月　手枪

7 月　锄头

8 月　耙

9 月　猫

10 月　棒球

11 月　筷子

12 月　椅儿

为了记住生日、周年纪念日或者历史日期，你需要做的就是在表示日期、月份的关键词与你要记住的日期之间建立相互关联的图像。例如，你朋友的生日是 10 月 27 日。根据基本记忆法，"10 月"的编码是"棒球"，"27 日"的编码是耳机，每年朋友生日这天，都要给他送一个用棒球缠绕的耳机。

又例如，你希望记住你父母的结婚周年纪念日：2 月 25 日。"2 月"的关键词是"铃儿"，25 的编码是"二胡"。当我们看到一个铃铛（2）下面挂着一把拉动的二胡（25），就是父母的结婚纪念日了。

历史日期也同样容易记。例如，联合国正式成立的日期是 10 月 24

日。基本记忆法中"10月"的关键词是"棒球",24的关键词是"闹钟"。在联合国成立的那一天,他们用棒球(10)打烂了一个闹钟(24),所以联合国的成立日期是10月24日。

本章所总结的记忆方法,可以与以前学过的记忆历史日期的方法有效地结合起来。通过这种方式你就可以掌握记忆日期的一整套方法。

| 下章提示 |

接下来,我们将讨论主要词语及构成50%对话内容的100个基本单词的记忆方法。

第 17 章
记忆词汇和语言的方法

词汇是构成语言的基本元素。故开发一种轻松学习和记忆词汇的方法是众望所归，也是十分必要的。

词汇不仅能提高阅读的效率，而且是促成学术和事业成功的最重要因素之一。

要做到这一点，一种较好的方式就是学习前缀（位于词根前的字母、音节或单词）、后缀（位于词根后的字母、音节或单词），以及你想掌握的语言中出现最频繁的词根（能衍生出其他单词的单词）。在《快速阅读》一书的词汇章节中，列有包含前缀、后缀和词根的示例表。

17.1 提高单词记忆——总体建议

下面是一些有助于你记忆词语的建议：

1. 从头到尾浏览一本好的词典，研究和掌握其使用前缀、后缀和词根的方式。只要有可能，就用联想来强化你的记忆。

2. 每天在你的词语库里增加固定数量的新单词。要记住新单词只有像之前所解释的那样，按重复的规则不断地练习。学会了新的单词后要尽量多用它们。

3. 有意识地在所学语言中寻找新的单词。这种对你注意力的引导叫作"精神定向"。它能让你的记忆"挂钩"更开放，便于抓住新的语言的"鱼"。

这些具有普遍性的学习建议可以增强你学习语言知识时的记忆能力。它们可用于英语学习，帮助你提高目前的词语量，也可用于其他正要开始学习的外语。

打下了学习单词的基础后，让我们详细学习如何记忆特殊词语。

17.2 提高单词记忆——具体建议

就像其他方法一样，本方法的关键就是联想。由于某些特定的语言存在亲缘关系及关联词语，因此，在学习语言的过程中，我们可以把发音、图像及相似性结合起来。

为了让你对这一方法有所了解，我从英语、法语、拉丁语和德语中抽几个单词做例子。例如，要记的英语单词是 vertigo，它的意思是"头晕目眩"或者"急速旋转"，就是人们从高处往下看或者由于心理作用而产生一种眩晕或者失去平衡的感觉。为了把这个单词印在脑海中，你可以把它的发音与短语 where to go 联系起来。而这个短语，是你在感到天旋地转时必然会问到的问题。

在英语中，有两个单词容易混淆，一个是 acrophobia，它的意思是"恐高"；另一个单词是 agoraphobia，意为"空旷"。如果把 acrophobia 中的 acro（高）与 acrobat（高空表演的杂技演员）联系起来，把 agoraphobia 中的 agora（田野、农业）与 agriculture（农业）联系起来，把你内心的想象带到广阔的田野里去（尽管希腊语 agora 的实际意思是"市场"），你就可以把二者清清楚楚地区别开来。

如果认识到外语词是成"组"产生的，就不会觉得它们那么难学了。实际上，所有的欧洲语言（芬兰语、匈牙利语和巴斯克语除外）都属于印欧语系，因此它们中有大量在发音和意思上都相近的单词。以英语单词 father（父亲）为例，德语为 Vater，拉丁语为 pater，法语为 père，意大利语和西班牙语为 padre。

拉丁语知识对掌握罗曼语系有极大的帮助，在罗曼语系中，有许多词语与拉丁语是类似的。"爱"的拉丁语单词为 amor，在英语中为 amorous，意思是"倾向于爱、正在恋爱或者是与爱有关的"，其联系是明显的。类似地，"神"的拉丁语单词是 deus；在英语中，deity 和 deify 的意思分别是"神的雕像、神或创世者""使某某神化"。法语是由罗马军团的方言演化而来的，他们把"头"叫作 testa，即现在的 tête。大约 50% 的普通英语是从拉丁语（加上希腊语）演化而来的。有的是直接演变而来的，有的是从诺曼法语间接演变而来的，这导致现在英语和法语有许多直接的相似之处。

除了语系基础之上的相似之处，还可用与上述记忆英语单词相同的方式来记忆其他语言的单词。因为我们正在讨论法语，下面两个例子就从法语中选：在法语中，"书"是 livre，只要我们想到单词 library（图书馆）

开始的 4 个字母，就很容易记住它，因为图书馆是存放书和读书的场所。"钢笔"的法语单词是 plume，它在英语中指的是"鸟的羽毛"，那种特别大的常常被当作装饰品的羽毛，这会让人立即想起羽毛管笔。这种笔在钢笔、自来水笔和圆珠笔发明之前曾被广泛使用。其连接链为：法语"钢笔"——羽毛——羽毛管——英语"钢笔"。这就使记忆法语单词的任务变得非常容易了。

影响英语的语言除了拉丁语、希腊语和法语，还有盎格鲁—撒克逊语和德语。这使得英语和德语有很多相同的单词：will、hand、arm、bank、halt、wolf 等。还有其他一些紧密相关的单词：light（licht）、night（nicht）、book（buch）、stick（stock）、ship（schiff）和 house（haus）。

学习本民族或其他民族的语言时，不必忍受挫折感和经常发生的压抑感的折磨。把需要掌握的信息组织起来是很容易做到的，这样可以让你的记忆"钩住"任何有用的信息片段。

构成50%对话内容的100个基本单词

从头开始学习一门语言时要认识到：在大多数语言中，50% 的对话内容仅由最常用的 100 个单词构成。如果你用基本记忆法记住这些单词，你就有可能理解任何民族日常对话中 50% 的内容。

为了方便记忆，现将 100 个基本单词列在下面。如果你把这些单词与它们在其他语言中的对应单词进行对比，比如法语、德语、瑞士语、意大利语、西班牙语、葡萄牙语、俄语、汉语、日语和世界语等，你就会发现，约有 50% 的单词与英语单词的意义是一样的，只是在单词的发音和重读上有细微的差别。

1. a，an 　一种，一个

2. after 　在……之后

3. again 　再，又

4. all 　所有的

5. almost	几乎		**31.** I am	我是
6. also	也		**32.** if	如果
7. always	总是		**33.** in	在……里
8. and	和		**34.** know	知道
9. because	因为		**35.** last	上一个，最后的
10. before	在……前面		**36.** like（I like）	喜欢（我喜欢）
11. big	大的		**37.** little	少量的
12. but	但是		**38.** love（I love）	喜爱（我爱）
13. can（I can）	能（我能）		**39.** make	制造
14. come（I come）	来（我来）		**40.** many	许多的
15. either / or	或者……		**41.** me	我（宾格）
16. find	发现		**42.** more	更（更多的）
17. first	第一，最……		**43.** most	大多数的
18. for	对……来说		**44.** much	大量的
19. friend	朋友		**45.** my	我的
20. from	从……来		**46.** new	新的
21. to go（I go）	去（我去）		**47.** no	不
22. good	好的		**48.** not	否定：不，不是
23. goodbye	再见		**49.** now	现在
24. happy	幸福的，快乐的		**50.** of	的，属于……的
25. have（I have）	有（我有）		**51.** often	常常
26. he	他		**52.** on	在……之上
27. hello	喂，你好		**53.** one	一
28. here	这儿		**54.** only	只有
29. how	如何，怎样		**55.** or	或
30. I	我		**56.** other	其他的

57. our	我们的	**78.** there is，某处有……（单数）	
58. out	在……之外	there are，某处有……（复数）	
59. over	在……之上	**79.** they	他们
60. people	人，人民	**80.** thing	事情
61. place	地方	**81.** think（I think）想（我想）	
62. please	请	**82.** this	这，这个
63. same	相同的	**83.** time	时间
64. see（I see）	看（我看见）	**84.** to	到……
65. she	她	**85.** under	在……下
66. so	如此，因此	**86.** up	向上
67. some	一些	**87.** us	我们（宾格）
68. sometimes	有时	**88.** use（I use）使用（我用）	
69. still	仍然	**89.** very	非常
70. such	这样的，某一	**90.** we	我们
71. tell（I tell）	告诉（我告诉）	**91.** what	什么
72. thank you	谢谢你	**92.** when	何时
73. that	那，那个	**93.** where	何处
74. the	定冠词——用于指已知的事物和……	**94.** which	哪个
75. their	他们的（所有格）	**95.** who	谁
76. them	他们（宾格）		
77. then	然后	**96.** why	为什么

97. with　　　　有，以，用　　　　**99.** you　　　　你

98. yes　　　　是　　　　　　　　**100.** your　　　　你的

应用 12 种记忆技巧记忆这些单词或其他单词时，你会发现，学习语言是一件既愉快又轻松的事——大多数孩子就是这么认为的。成年人也能像孩子一样学好语言。孩子们直接把大脑向语言敞开，并且不怕犯错误。他们反复做一些基本的联想，用心倾听，喜欢重复和模仿。孩子们在学习语言的整个过程中显得轻松、愉快，并不需要那么多我们成年人认为必不可少的指导。

| 下章提示 |

后面的章节将要讲解如何将记忆技巧和方法运用到更为复杂的事件中，像如何记忆人名和头像，如何回忆起"遗忘的"物品、地方、数字，如何复习考试，如何记忆演讲稿、笑话、诗歌、书籍，以及如何记忆梦境。

第 18 章

记忆人名和头像

记住人名和头像是我们生活中最重要也是最困难的事情之一。本章就用两种方法来教大家记忆人名和头像。

记忆名字和面孔困难的原因在于，在大多数情况下，名字和面孔没有真正的"联系"。在早期，情况正好相反，人们姓氏的取法全部是基于记忆与联想的。你通常所看到的脸上有面粉、手上有生面团的男人是贝克先生（Mr. Baker，面包师），你经常见到的在他自己或别人的花园里忙碌的男人通常是加德纳先生（Mr.Gardener，花匠），那些整天在火炉旁敲打金属的男人是布莱克斯密斯先生（Mr. Blacksmith，铁匠）等。姓名可以给你提供对该人产生联想的基础：当年轻小姐发穆尔（Miss Farmer，农民）进城后，她和她的名字便失去了联系。因此，你必须为她和她的名字创造一个新的恰当联系，否则你肯定会忘记她的名字。随着时代的变迁，家族姓氏越来越偏离本意，记忆名字和面孔的难度逐渐增大了。到现在，名字早已成为与面孔没有直接联系的单词。

两种相互补充的方法可以用来记忆人名和头像。第一种方法是博赞社交礼节法，第二种是运用记忆法则。

18.1 博赞社交礼节法

记名字和面孔的博赞社交礼节法可使你免于陷入窘境：别人给你匆匆介绍了五个人，你得不断重复："很高兴见到你！很高兴见到你！很高兴见到你！很高兴见到你！很高兴见到你！"像给你介绍了五双皮鞋一样，这会让你看起来很窘，因为你知道，你会马上将他们的名字忘得一干二净。

社交礼节法只要求你做两件简单的事：

1. 对你见到的人感兴趣。

2. 要有礼貌。

这一方法叫作"社交礼节法"，因为它与你在礼仪书中看到的是一样的，但即使是礼仪书的作者也常常没有认识到：最初制定的礼仪规则，不是简单地为了强调严格的社交礼仪，而是为了让人们在友好的基础之上相互交往；那些正式制定的规则，有助于人们在见面时相互记住对方。

从下列社交礼节法的步骤中选择那些对你最有帮助的步骤。

18.1.1　精神准备

在你到达会见的场所之前，首先在精神上做好成功的准备。许多人在进入既定场所之前，就明确地"知道"他们记不住那些名字和面孔，而结果也就像他们所"知道"的那样。如果你"知道"你的记忆正在改善的话，应该立即能看到改进的结果。在做好会见客人的准备后，要努力做到沉着和放松，并且不论在何处，你都要给自己2~5分钟的时间去准备。

18.1.2　观察

在会见客人时，你必须直视他们的眼睛。眼神不要游离，不要把眼睛盯住天花板或远处。当你观察某人的面孔时，注意其特殊的面部特征。这也可以帮助你用第二种记忆术达到记住名字和面孔的目的。确保你按照从头顶到下巴的"旅行指南"（见18.2.3节）去进行记忆，其中列出了各种特征，以及把它们分类和典型化的方式。你的观察越有技巧，你所发现的一张面孔与另一张面孔的差别也就越多。如果你的观察能更敏锐，你就朝着改善记忆的方向前进了一大步。

漫无目标地看，而不是实实在在地观察，是记忆力差的主要原因之一。在公共场所"练习"观察能力的办法，可以让你的大脑做好准备，使你的观察更敏锐。在不同的时间，你可以观察面孔的不同部分，你可用一天的时间集中看鼻子，一天看眉毛，一天看耳朵，再用一天集中看头部的整体形状等。你自己也会惊讶地发现，不同人的面孔的每一部分都有巨大的差别，你不断增长的观察差别的能力将帮助你记住所见到的新面孔。

18.1.3　聆听

有意识地听，尽最大可能地注意正介绍给你的那个人的名字的发音。这是介绍过程中决定性的阶段，正是在这一点上，许多人失败了。因为他们不断自我暗示说他们不可能记住，而不是去注意正介绍给他的那个人的名字的发音。

18.1.4　请求重复

即使你已很清楚地听见了名字，也要客气地说："对不起，能把您的名字重复一次吗？""重复"是一种重要的记忆辅助手段，每次重复都将使你记住别人名字的可能性大大增加。

18.1.5　确认发音

一旦名字介绍给你后，立即问一下名字的主人，你读他名字的发音是否准确。通过这种方式强化记忆会增大记忆的兴趣，再次重复这个名字也会增加记住它的可能性。

18.1.6　请求拼写

如对名字的拼写有任何疑问，都要礼貌而幽默地请求对方拼写。这又一次证明了你的兴趣，并自然地使你再次重复了那个名字。

18.1.7 你的新爱好 —— 研究姓名的起源

得体而主动地告诉刚介绍给你的人——你的新爱好之一是研究名字的起源和背景，并客气地询问他是否知道自己姓氏的历史。（首先得保证你一定知道自己姓氏的历史——随着这一爱好的不断普及，家谱网站也日新月异，了解自己姓氏的历史正变得越来越容易。）对自己的姓氏背景有一些了解并乐于探讨这个话题的人越来越多。你又一次证明了你对此人的兴趣，又一次创造了重复此人姓名的机会。

18.1.8 交换名片

在日本和中国，人们尤其习惯通过交换名片来进行社交，他们觉得这对记忆很有帮助。如果你真想记住别人的名字，要保证你有很体面的名片。在大多数情况下，你首先递名片给对方，对方也会把自己的名片给你或给你写一些关于他自己的具体信息。

18.1.9 在对话中重复

本着有兴趣、有礼貌和不断重复的原则，在与新遇见的人对话时，一有机会就重复他们的名字。这种重复有助于把名字更牢固地植入你的记忆中，而且这也是一种更值得提倡的社交手段，因为它使对方感到更亲切。他们听到你说"是的，正如玛丽刚才说的……"比听你说"是的，正如她（指着她）刚才说的……"要舒服得多。

18.1.10 内心重复

在谈话过程中的任何短暂的间隔，都应该带着兴趣盎然和探究的神情看着正在谈话的诸位及他们正在谈论的人，在内心重复他们的名字。现在，"重复"应该成为你的第二本能了。

18.1.11 较长时间间隔后的检查

当你因为要为某个人或自己取份饮料，或者因为某些其他的原因暂时离开时，用这个时间扫视一下你已见过的人，在心中反复默念、拼写他们的名字，回忆你记忆中关于这个名字的所有背景资料，再加上谈话期间所得到的其他有趣的事情。这样，你就可以给每个名字赋予无数的联想，从而在脑海中建立起一张图形化的网络，增加你将来回忆起的可能性。

18.1.12 分手时的重复

当你同别人道别时，一定要喊对方的名字。因此，到目前为止，你已用到了第 2 章所总结的记忆的首因效应和近因效应，并在学习的开始时刻和结束时刻巩固了记忆。

18.1.13 复习

当你与初次见面的人分手后，在头脑中迅速闪现那些人的名字和面孔。或者，情况许可时（如在一次集会上），拍一些活动照片（正式或非正式的照片都可以）。

18.1.14　反向法则

只要可能，把你刚才经历的过程颠倒一下。例如，当你初次被介绍给别人时，重复你的名字，给出拼写方法；如果允许的话，还可以说出姓氏的出处和背景。类似地，一定要在合适的时候给别人一张自己的名片。在谈话过程中，只要你提到自己就用名字。这样做将帮助其他人记住你，并鼓励他们用他们的名字而不是用代词。这种方法除了显得更礼貌，还会使整个谈话更个人化、更愉快、更友好。

18.1.15　把握自己的节奏

第一次见面往往由于情绪紧张而仓促结束。记忆名字和面孔的行家们总是能从容不迫地和他们所见到的每一个人寒暄一番。英国女王在这方面就是一个好榜样。

18.1.16　开玩笑

如果你把记忆名字和面孔变成一项既严肃又愉快的比赛，那么，你的右脑将更自由、更开放地为记忆建立必需的、富于想象力的联想和连接。孩子们在记忆名字和面孔方面比成年人做得更好，这不是因为他们的大脑更好用，而是他们应用了本书所介绍的各种记忆技巧。

18.1.17　"加一"法则

如果你只想记住你第一次见面的 30 个人中的 2~5 个人，像一般人那样，给自己设定一个比你想要记住的人数多一个的目标。这样就会在你的大脑中建立起成功的概念，并使你解除因试图一次就记得准确无误而造成的不必要压力。当你每次在一个新的场合应用"加一"法则时，你就在记住名字和面孔的成功之路上迈进了一大步。在此阶段，一个有效的练习或比赛，是将社交礼节法的 17 个步骤中的每一个步骤的首字母组成一个可记忆的缩略词。请动用 SMASHIN'SCOPE 里的全部法则。

18.2 名字和面孔的记忆技巧

名字和面孔的记忆技巧与第 3 章总结的那些记忆技巧是一样的，在此要强调两点：想象和联想。具体步骤如下：

1. 对想要记住的那个人的名字，脑海里应该有一个清晰的图像。

2. 确信你能真实地"再次听到"那个人名字的发音。

3. 非常仔细地检查介绍给你的那个人的面部，注意下面所概括的面部细微特征。

4. 寻找不同寻常的、突出的或独特的面部特征。

5. 以漫画家夸张某一有意义的特征的手法，运用想象力在心里重新构建这个人的面孔。

6. 联想——用你的想象、夸张和 12 种常用的记忆技巧把任何突出的特征与那个人的名字联系在一起。

要学会应用这些规则，最快、最容易的方法是立即做练习。

以下是 20 个头像和人名（是 1.8.6 节首次测试数量的两倍），你将用它们进行自我测试。

1. 莫加姆比先生（Mr. Mogambi）

2. 诺尔先生（Mr. Knorr）

3. 伍德罗女士（Ms. Woodrowe）

4. 科科斯基先生（Mr. Kokowski）

5. 沃尔金夫人（Mrs. Volkein）

6. 克利弗先生（Mr. Cliffe）

7. 莫马特先生（Mr. Momatt）

8. 阿斯顿小姐（Ms. Ashton）

9. 梅普利先生（Mr. Mapley）

10. 杜赫斯特先生（Mr. Dewhurst）

11. 贾巴纳迪女士（Ms. Jabanardi）

12. 铃木先生（Mr. Suzuki）

13. 威尔士先生（Mr. Welsh）

14. 麦金尼斯先生（Mr. Macinnes）

15. 奈特女士（Ms. Knight）

16. 帕森斯女士（Ms. Parsons）

17. 库克女士（Ms. Cook）

18. 庞先生（Mr. Pang）

19. 伯恩先生（Mr. Burn）

20. 哈蒙德女士（Ms. Hammond）

以下给出了一些使用这些步骤记忆其中 5 张面孔的建议。仔细观察这 5 张面孔及其余 15 张，自己进行一些联想，尽可能多地记住它们，然后完成本章末的自我测试。

18.2.1　记忆面孔

譬如，你想记住这些人的名字，你只需要应用已经列出的技巧，仔细观察头像，找出能够与人名联系起来的特征，然后形成你的记忆图像。例如，梅普利先生（Mr. Mapley，9 号）就容易记住，因为他的脸上有深深的皱纹，就像地图一样，因此可使用地图（map），联想到 Mapley。铃木先生（Mr. Suzuki，12 号）有着特征明显的眉毛，你可以把这种眉毛想象成铃木摩托车那夸张的把手。奈特女士（Ms. Knight，15 号）有一头飘逸的长发，因此你可以想象：她在一座城堡顶上，将头发垂下来，以便某个勇敢的骑士（knight）能抓着她的长发爬上去救她。伯恩先生（Mr. Burn，19 号）有一头很短的头发。你可将他的脸想象成一个乡村，他的头发就是一场猛烈的灌木丛或森林大火后的现场，那场大火烧毁（burn）了所有的草木。

18.2.2 短期记忆指南

记住人的另一个关键是：如果你确信你与某人只见一次面，并且不需要长期地记住他的名字和面孔，那么可以在那天通过他的着装特点记住他。当然，这种方法对长期记忆来说不是一种好方法，因为一个人不可能在下次还穿同样的衣服。用发型和胡须来记忆同样如此。

18.2.3 头部和面部特征

头形

通常，第一次见一个人都是面对面的，因此在总结各种个别特征之前，我们将把头部作为一个整体考虑。

找出整个头骨结构的总体形状。你将会看到几类情况：大、中、小。在这三类中还可以看到下列形状：正方形、长方形、圆形、椭圆形、上窄下宽的三角形、上宽下窄的三角形、宽形、窄形、大骨形、细骨形等。

在会见开始时，你可以从侧面观察头部，你将惊讶地发现你所看见的头部竟有这么多不同的形状：正方形、长方形、椭圆形、宽形、窄形、圆形、前面平坦、顶部平坦、后面平坦、后面呈圆丘、下巴突出、前额倾斜的角形脸、前额突出而下巴向后削的角形脸。

头发

在早些年，发型一般是很少变化的，因此可以将头发当作记忆"挂钩"。而现在，染色、喷胶、假发和那些几乎层出不穷的发型的出现，使得通过发型来鉴别不同的人成为一件棘手的事。但是，我们仍然可以列出一些基本的发型特征：男性的发型可以是厚的、薄的、波浪形的、直发、分头、从前额向后秃、秃头、短发、中长发、长发、卷发、彩色。女性的发型可以是厚的、细的、健康的。由于女性的发型经常改变，因此不要仅仅根据发型特征去记忆她们。

前额

前额通常可分为下列几种类型：高、宽、发线与眉毛之间的距离较小、两个太阳穴之间的距离较小、光滑、有横纹、有竖纹。

眉毛

眉毛分为浓、稀、长、短、中间连在一起、中间分开、平直形、弓形、上扬、密、逐渐变细。

睫毛

睫毛分为厚、薄、长、短、卷曲、直。

眼睛

眼睛分为大、小、凸出、凹进、两眼挤在一起、两眼分得很开、向外斜、向内斜、有特殊颜色、可见整个瞳孔、可见上半个或下半个瞳孔。除此之外，在某些情况下也应该注意眼皮以上部分和眼睛以下的部分，看看这二者是大还是小，是光滑还是有皱纹，是松弛的还是有弹性的。

鼻子

从前面看时，鼻子有以下类型：大、小、窄、中等、宽、歪。从侧面看时，有以下类型：直的、平的、尖的、粗短的、短平而上翘的、罗马型或鹰钩型、希腊型（与前额构成一条直线）或者凹型。

鼻子的基部与鼻孔的相对位置也有很大不同：较低、水平、稍高。鼻孔本身的形状也有变化：直的、向下弯的、张开的、宽的、窄的。

颧骨

从前面看，颧骨的特征常常是与面部特征紧密相连的，下面三种特征值得注意：颧骨是高、突出还是不分明的。

耳朵

耳朵是脸上最不引人注意的部分，但它们的个性特征可能比其他特征更明显。

耳朵的形态有：大、小、多瘤的、光滑的、圆的、椭圆的、三角形的、紧贴头部、突出的、多毛的、大耳垂、无耳垂、轮廓不规则。

这些特征当然更适合当作男人们的记忆挂钩，因为女人们常常用头发盖着耳朵。

嘴唇

嘴唇可以有以下特征：上嘴唇长、上嘴唇短、小、厚（像蜜蜂蜇过似的）、宽、薄、向上翻、向下弯、弓形上嘴唇、形状良好、线条不清。

下巴

正面看时，下巴可能是长的、短的、尖的、方形的、圆形的、双下巴（或多层下巴）、裂开的、有酒窝的。从侧面看，下巴可能是突出的、直的、双（或多层）的、向后削的。

皮肤

皮肤也有多种类型，有光滑的、粗糙的、黑的、完美的、有瑕疵的或有某种标记，还有油性的、干性的、有斑的、苍白的、有皱纹的、皱纹很深的、有色的、有文身的、晒黑的。

其他特征

对于男性，你还可以将各种面部毛发特征纳入其中，从短的连鬓胡子到真正能遮住脸的络腮胡子等。不过，要提醒大家的是，列出所有的特征是毫无意义的，而且它们也会像发型和颜色一样，能在一夜之间改变。

18.2.4 基本图像表

当你掌握了记忆名字和面孔的记忆法后，列出你很可能要见到的名字的"基本图像表"，这将对你有所帮助。

在你的基本图像表中，简单列出常见名字的标准图像，这样你就能迅速地把某人的面部特征与他的名字联系起来。下面是一张人名图像示范表，向你展示具体应该怎样做。

● 阿什克罗夫特（Ashcroft）	一栋被烧坏了的农场（croft）房屋的房顶，飞舞着大量的片状灰烬（ash）
● 布莱克（Blake）	一个巨大的、清澈蔚蓝的湖泊（lake），形状呈"B"字形
● 德拉尼（Delaney）	一个巨人蹚出了一条乡间小道（de-lane-ing）
● 埃文斯（Evans）	洗矿铲（van）的形状像大写字母"E"，字母"E"的脊部就是铁铲的尖端
● 法伦（Farren）	人们看见在很远的（far）地方，有一只非常小的鸟（wren）
● 戈达德（Goddard）	上帝（God）的脸上带着"生硬的"（hard）表情

● 汉弗莱（Humphrey）	一个被释放的囚犯走出铁栏时，哼着（hum）一支快乐的歌
● 艾薇（Ivy）	常春藤（ivy）
● 金（King）	王位（king）
● 劳伦斯（Lawrence）	联想奥斯卡最佳电影Lawrence of Arabia
● 默瑟（Mercer）	一个正在祈求的人赢得了怜悯（mercy）
● 纳恩（Nunn）	修女（nun）
● 奥韦特（Ovett）	想象一位兽医（veterinary）在一个巨大的"O"中游泳
● 帕特森（Patterson）	想象你或你朋友的儿子（son）急匆匆地在地上跑时所发出的噼啪声（pitter-patter）
● 夸里（Quarry）	一个巨大的、色彩斑斓的露天采矿区
● 理查森（Richardson）	你大脑中的图画是：某个"富有（rich）而严酷无情的（hard）"父亲的儿子（son）
● 斯科特（Scott）	苏格兰裙、苏格兰羊杂碎或者任何你认为具有苏格兰人（Scottish）特征的东西
● 泰勒（Taylor）	一套套装
● 安德伍德（Underwood）	想象一根木头（wood）下面（under）有一个人，譬如在一棵倒地的参天古树下
● 维拉斯（Villars）	一座雄伟的、通体透白的地中海别墅（villa）
● 韦德（Wade）	想象某人或动物蹚水（wading）经过齐大腿深的水流
● 孙修（Xanthou）	"谢谢你"（thank you）
● 扬（Young）	一幅春天的图画
● 齐默尔曼（Zimmerman）	想象某人"嗖"（zimming）地（像滑水一样或"快速"地）飞过水面

16. _____

6. _____

12. _____

9. _____

19. _____

4. _____

15. _____

11. _____

18. _____

10. _____

3. _____

8. _____

14. _____

17. _____

7. _____

5. _____

2. _____

1. _____

20. _____   13. _____

┤ 下章提示 ├

　　用从本书中所学的知识，看看你是否能解释引言中的老师是如何实现他的惊人之举的。当你能解释清楚后，就可以灵活地应用他所用到的记忆法了。

第 19 章
再记忆——回忆忘掉的东西

再记忆的秘诀在于它能让你动用记忆的全部能量灵活自如地记住任何一件具体的事情。

再记忆——回忆忘掉的东西

我曾与一些商界的朋友坐在一起轻松愉快地共进晚餐，其中有一位是新当选的某个培训和开发组织的主席。在晚餐开始时他宣布要发泄一下胸中的怒火，否则就会被气炸了：他的车被撬了，挡风玻璃被打碎，公文包也被偷走了。他感到特别受伤，因为公文包里有他的日记及一些对他来说很重要的东西。

当餐前酒喝完、餐前甜点吃过后，我们开始注意到，我们的朋友实际上没有参与我们的谈话。他不时急匆匆地在一张纸上写些什么，脸上似乎带着一种恍惚的神情。最后，他突然再次宣布，是他把整个晚上都搞砸了，因为他只能记起他被盗的公文包里装的 4 件东西——公文包里肯定不止这些东西，他必须在两个小时内给警察提供一份报告，但是他越想记起来却什么也记不起来。

你建议他应该怎么做才能回忆起来呢？

我们桌上有几个人懂得记忆法则，他们带他做了如下练习：让他别去想"记不起来的事"（事实上，他所做的恰恰是越来越集中到缺失的记忆上），我们让他经历我们称之为"复苏直接相关的过去"的练习。我们问他，他最后一次打开公文包是在什么时候，他说是在离开办公室之前。说到这里，他突然记起来，他在公文包里的一大摞文件的上面放了两份重要的杂志稿件。然后我们问他，他在离开家去上班之前，最后一次打开公文包是什么时间。他说是昨天晚上，并且他记起来往公文包里放进了两篇文章，还有录音机和计算器，这是为第二天早晨准备的。最后，我们让他描述公文包的内部设计，就在他详细地描述公文包的各个部分和位置时，他记起了钢笔、铅笔、信和其他很多他以前完全"忘记了"的东西。

不到 20 分钟，他就轻松、容易地"复苏"了此前 24 小时的经历。在这段时间内，他紧锁的眉头逐渐舒展开来，身体姿势也放松了下来。

他花了令人头痛和不愉快的 1 小时 20 分钟才想起 4 件东西，后来却在 20 分钟之内又想起了 18 件东西。

再记忆的秘密就在于"忘掉"你正在试图记起的任何东西，并且用各种联想和你认为有用的连接（见图 19-1），去包围这种缺失的记忆（你已忘掉的东西）。通常，最好的方法是"复苏"所有与你正试着记起来的事情有关的经历。这一技巧在各种场合中都能立即起作用，它采用的是围绕"缺失"中心创立内部或外部思维导图的技巧。

当遇到难以回忆的事情时，严格按上述方法完成复苏练习，之后再有意识地忘记它，让它"沉淀"进潜意识。以后你将会发现，在几个小时内或几天内做做这一"练习"，你会在会议上，在开车时，在沐浴、睡觉或醒来时，或在洗手间里突然记起那些你已忘记的事情——这会令你惊喜不已。

图 19-1

┤ **下章提示** ├

这一记忆技巧像其他方法一样，不仅能全面改善你的记忆及创造能力的各个方面，而且还能极大地增强你的自信心。因为你会认识到，不管你忘掉了什么，你都可以调用藏在你大脑左边或右边的、无意识的"夏洛克·福尔摩斯"，他可以解开你提供给他的任何记忆难题。

第 20 章

备考记忆

再也不用害怕考试了！

20.1 备考记忆

- 不再像害怕地平线上渐渐变大且步步逼近的风暴幽影一样害怕时光的流逝。
- 不再在忙乱、冲刺、流汗和担心中经历考前几周或几天的紧张气氛。
- 不再为节约每一秒可利用的时间而充满压力地冲进考场。
- 不再神经紧张地匆匆掠过试卷，却反而因看得太快而要再看一遍才知道题目究竟是什么意思。
- 不再需要在一个小时的考试时间里，花15～30分钟的时间去匆匆写下杂乱的笔记，抓头、皱眉、狂乱地试图回忆所有你知道的却在此时因某种原因似乎记不起来的东西。
- 不再为没能从你那杂乱无章的知识泥潭里理出头绪而感到受挫。
- 不再因在试卷上可能会出现"一个致命的问题"而感到极度恐惧。
- 不再感到你头脑中的东西正在离你而去。

上述的常见情景，不仅出现在那些所学知识不多的人身上，而且也同样出现在那些掌握了大量知识的人身上。我记得，在我还没有毕业的时候，至少有 3 个学生，他们在某一学科上所掌握的知识实际上比其他人都多——常常给别人当家庭教师，并指导那些正在苦苦挣扎的同学。令人感到意外的是，这几个聪明的学生竟然都在考试时因超时而失败。他们总是抱怨在考试中没有足够的时间，因而无法把他们所学的大量知识组织好，并在关键时刻由于某种原因"忘记了"所需的知识。

所有这些问题，都能用一些阅读和学习技巧，通过考试前的准备来解决。这些技巧见于《启动大脑》和《快速阅读》等书。此外，也可应用思维导图记忆技巧，特别是使用与关联法有关的基本记忆法。例如，假设你要学习和准备考试的学科是心理学，当你研究和整理一年的笔记时，最好是有意识地建立一个如下所示的提纲。

心理学中应包含下列提纲：

1. 重要的标题。

2. 主要的理论。

3. 重要的实验。

4. 重要的讲座。

5. 重要的著作。

6. 重要的论文。

7. 一般重点。

8. 个人见解、想法和理论。

你应该用基本记忆法给这些重要的标题分配一定的章节，从你的学科中提取一些关键记忆形象词，并与适当的基本记忆法——关键记忆形象词联系起来。例如，你已把数字 30 ~ 50 用于重要的心理学实验，其中第 5 个实验是由行为心理学家 B. F. 斯金纳（B. F. Skinner）所做的。实验中，鸽子为吃到谷子而学会了连续敲击。你应该想象，有一只像斗士一样的巨大鸽子，它的"皮肤"（Skinner）上罩着一套巨大的"盔甲"（mail），正在啄着太阳，使几百万吨谷子从天而降。

用这种方法，你将发现，你有可能将整整一年的学习内容归纳于 1 ~ 100 的数字之间，并能把这种组织好的、理解透彻的知识转换成流畅的、第一流的考试论文。例如，如果在心理学考试中，要求你参照行为心理学来讨论动机与学习二者之间的关系，你应从问题中抽出关键词，然后将它们放入你的基本记忆法记忆矩阵中，然后再提出与所问的问题相关的各种事项。因此，这种文章开头的一般形式可能如下所示：

在讨论"从行为心理学看动机与学习"这个问题时，我希望考虑下列心理学的主要方面：××、××、××和××；下列5种理论：××、××、××、××、××和××；论证假说A的3个实验：××、××和××；论证假说B的两个实验：××和××；论证假说C的5个实验：××、××、××、××和××。

在讨论上述问题时，我想引用下列著作：××、××、××和××，并参考××、××、××和××的论文；此外还要进一步参考由X就以下论题×××及×所做的讲座，日期为××和××。

最后，在我的论文结束时，我将在以下几个方面提出我自己的见解和想法：××、××、××和××。

正如你已看到的那样，当你还在轻松自如、滔滔不绝地介绍你的论文时，事实上你已经踏上了高分之路。值得强调的是，在任何学科领域，你的记忆方法的最后一项分类都必须源自你富于创造性的原创想法。"优秀"与"平庸"的差别就在于此。

为了掌握如何为考试而准备、阅读和学习，请看《思维导图》中的相关章节及《启动大脑》第12章用博赞有机学习技巧变革你的学习技能的相关内容。

下章提示

　　除了能完美地记忆考试信息，通过使用本书所总结的各种方法，你的大脑的创造能力也将得到开发，从而使你获得全面的成功。

第 21 章

记忆演讲、诗歌、文章等的方法

本章就来讲述一下关于演讲、笑话、台词和诗歌、文章、书籍的记忆方法。

一场成功演讲的关键不在于逐字逐句地记住所有的演讲词，而是记住演讲的关键词。

21.1　演讲

在涉及记忆演讲这个问题时，我们一定要认识到在 90% 的情况下，不需要完全记住演讲的全部内容。认识到这个事实将帮助我们克服许多由于我们把写讲稿和做演讲当成是一件考验记忆的事而造成的主要困难：

1. 大量的时间浪费于记忆讲稿。做一个小时的演讲所需的准备时间平均为一个星期。在这一周的时间内，一部分时间浪费在写讲稿、复写讲稿并使之便于记忆上，另一部分时间则浪费在不断重复背诵讲稿内容上。

2. 精神压力和由此而引起的紧张。

3. 因第 2 条引起的身体压力。

4. 逐字记忆使你的演讲显得呆板无趣。

5. 听众感到厌烦，因为他们"感受"到的是一些刻板记忆的、僵硬的、不自然的东西，他们是无法直接与这些东西建立联结的。

6. 演讲者和听众之间有一种紧张的感觉，大家都担心演讲者因忘记某些东西而出现令人不安的中断或暂停。

7. 演讲者与听众之间缺乏眼神的交流，因为演讲者正刻板地"向内"看着所记忆的材料，而不能"向外"看着听众。

做好演讲的秘密，在于不能逐字逐句地背诵整篇讲稿，而应记住讲稿中的关键词。如果你按下面这些简单的步骤去做的话，你就能轻松愉快地完成演讲的准备、记忆和正式演讲任务。

21.1.1 研究

全面地研究你要演讲的主题，把你认为与之相关的想法、引文和参考书记录下来。这个工作必须按《思维导图》和《启动大脑》中所述的办法进行。

21.1.2 思维导图——基本结构

做完基础研究后，坐下来，用一张思维导图来规划你的演讲的基本结构。

21.1.3 思维导图——整篇演讲

把做好的基本结构图放在你面前，填上重要的细节，仍然要用思维导图的形式——这样，就可以充分利用你左右大脑的联想和想象功能为整篇演讲做好思维导图记忆笔记。这种笔记通常少于100个字。

21.1.4 练习

根据上述所列的提纲练习做演讲。在正式演讲之前的最后一次练习中，你的思路会变得越来越清晰。你能数出演讲中的主要内容和小标题。你也会发现，完成了上述研究过程和通过这种方式构思材料的结构之后，你就已经自动地记住了整篇讲稿。当然，开始时仍会在一些地方出现迟疑或迷茫，但稍稍练习后，你不仅能从头到尾了解你的讲稿，而且会比其他演讲者更深刻地理解你所做的演讲内容中真正的联想、联结和结构。换句话说，你真正对你要说些什么感到胸有成竹了。这一点特别重要，因为这就意味着，当你正式面对听众演讲时，用不着害怕忘记讲稿的用词顺序，你只需要讲那些你必须流利地说出的东西就可以了。尽量用合适的词语，不要为回忆事先定好的句子结构而停顿下来。你将因此而成为一个富于创造性的、有活力的演讲者。

那些想探索更完美的表达艺术的人，可以看看迈克尔·吉尔布（Michael Gelb）的《展示自己》（*Present Yourself*）。在这本书中，吉尔布以《启动大脑》与《超级记忆》中的法则与知识为基础表达了他全部的理论和方法。

21.1.5　衣钩法

作为备用的安全方法，你总会用到那些基本的衣钩法中的某一种。

选择 10、20 或 30 个能全面概括你的演讲内容的关键词，并用记忆法则将这些关键词联结到衣钩上，从而可以保证：即使在某个时刻你真的忘记了，你也能立即记起来。不要为演讲中一些小的停顿而着急。当听众感觉到演讲者知道他自己在讲什么时，小的停顿实际上的积极作用大于消极作用。因为它使听众明白，实际上演讲者在台上正在思考和创造。这会增加听众对演讲的兴趣，因为它使得演讲不那么呆板，显得更有个性、更自然。某些伟大的演说家实际上把停顿作为一种技巧，以获得引起听众注意的"思考沉默"的效果，最长的停顿时间可达整整一分钟。

在那些非常特殊的例子中，你确实必须逐字逐句地记住整篇讲稿。此时，可用目前已讨论过的、与演讲者有关的各种方法来使这一过程变得轻松愉快。然后，请应用本章在戏剧台词和诗歌部分所述的一些技巧来完成测试。

21.2 笑话

与讲笑话和记忆有关的窘迫及问题几乎是永无休止的。最近一项对商人和学生的研究发现：数千位被访者中，约有 80% 的人认为自己实际上讲不好笑话，所有的人都想成为讲笑话的高手，所有的人都将记忆列为他们的主要障碍。记笑话实际上比记讲稿更容易，因为你已经完成了记忆工作中的创造部分。解决方案分为两个部分：首先，建立一个基本的网络来抓住笑话的要素并对其进行分类；其次，记住主要的细节。

第一步是容易实现的，对你想建档的笑话，可将基本记忆法中的一部分作为永久储存室。先将你要讲的笑话分类。例如：

- 动物笑话；

- "智力"笑话；

- 儿童笑话；

- 民族笑话（爱尔兰的、日本的，等等）；

- 谐韵笑话；

- 体育笑话。

用数字优先顺序列出这些笑话，然后用基本记忆法的有关部分来完成这些分类。例如，你可能要用 1 ~ 10 或 1 ~ 20 存储谐韵笑话，用 20 ~ 40 来放置民族笑话等。

第二步同样容易掌握：你只要再次使用关联法就行了。让我们以一个男人走进一家小酒店买一品脱^①啤酒的笑话为例。当那个男人拿到啤酒后，他突然想起他必须打一个紧急电话，但他知道，小酒店里某个讨厌的人会在他回来之前，把他的一品脱啤酒喝光。为了防止这种情况出现，他在杯子上写道："我是世界空手道冠军。"然后出去打电话，并认

---

① 美液 1 品脱约合 0.473 升。

为他的啤酒不会有什么问题。但当他回来时，立即看到他的杯子是空的，并注意到，在自己的留言下面多了一行字：谢谢你的一品脱啤酒——世界上跑得最快的人致！

为了记住这则笑话，你应有意识地从笑话中选择一些关键词，并把它们连成贯穿基本内容的记叙文。整个故事所需的关键词是："品脱""电话""空手道冠军"和"跑得最快的人"。

为了完成记忆，你应富于想象力地把第一个关键词连到基本记忆法中适当的关键词上，然后用关联法把剩余的三个关键记忆词连接起来。用这种方法主要有两个优点：第一，你能清晰地记住你想记住的任何笑话，并对其分类；第二，在记忆笑话时，大量使用你的右脑本身具有的、能使你成为一个更富创造性和想象力的幽默大师的功能，从而解决讲笑话的人常常遇到的第二个主要问题，即陷入刻板、僵硬的左脑记忆方式，使听众感到兴趣索然。

21.3　台词和诗歌

对大学生、小学生、专业或业余演员来说，这方面的记忆可能是最麻烦的事。通常所倡导及采用的方法，是一遍又一遍地读一行，"记一行"；读下一行，"再记一行"；把两行连在一起，"记两行"；读下一行……一直这样继续下去，直到把第一行忘掉为止，真是令人难以忍受。

以记忆法则为基础的方法及那些著名演员应用的成功记忆方法都不是这样的。演员们先将需要记忆的材料经过 4 天的理解之后，然后一遍一遍地快速阅读，以大约每天读 5 ~ 10 遍的速度速读全文。如果不停地以这种方式阅读的话，你会加深对文章的理解，对要记忆的材料更熟悉。这比你机械地阅读 20 次的效果要好得多。你可以不用看剧本就能回忆起要记住的大部分内容。特别是，如果你用了右脑的想象来帮助理解的话，你的大脑将吸收90%的信息。并且，正确的阅读及使用想象和联想的方式可使初步的理解进一步加深，记忆的量也将随之自然而然地增加。

这种方法比逐行重复法更有用，并且它还能通过再次使用关键词和关联法的方式得到进一步改善。例如，如果要记忆的材料是诗歌，几个关键词将帮助你的大脑"填上"剩余的遗漏词。如果要记忆的是剧本台词，关键形象词和关联法会再次有效地改进你的记忆。一长段话的各个基本部分可以用关键词毫不费力地串在一起，如果你能创造性地记住前一位说话者的最后一个词与你要说的第一个词之间的连接的话，你就可以更有效地从说话者之间的台词得到提示。由于没有应用这些记忆技巧，所以舞台上常出现混乱，特别是当一个演员忘记了他的最后一句台词，而另一位演员忘记了他的第一句台词时，长时间的冷场和停顿就不断地出现了。在戏剧工作中应用记忆要素，可使剧团减少50%的背台词时间，并能极大地减少紧张情绪、增加工作乐趣和提高效率。

21.4　文章

你可能需要在短期内或长时间地记住多篇文章的内容。记忆每篇文章的方法是各不相同的。如果你参加某个会议或者为你最近看过的一篇文章写一份摘要，你几乎把这篇文章的内容全部记住，同时记住你所提到的页数，那么你的听众将大吃一惊。这种方法很简单：从要记忆的文章中，每页抽1～3个关键记忆形象词，并应用衣钩法中的某种方法连起来。如果每页只有一个关键记忆形象词的话，当你的关键记忆形象词是数字5时，你指的就是这篇文章的第 5 页。而假如每页有两个要点，并且关键记忆形象词对应的是 7 的话，你就会知道所指的是第 4 页的上部。

对长期记忆一篇文章来说，每页必须选 2 ~ 3 个以上的关键记忆形象词，并且要使用更长久的衣钩法及第 2 章总结的复习程序。

21.5　书籍

只要简单地把记忆文章的技巧应用到一本书的每一页，就可以详细地记住一整本书。把基本记忆法和关联法结合起来，就能很容易地做到这一点。对第 1 页来说，你可以简单地选 1 ~ 3 个关键记忆形象词，并创造性地将它们连接到基本记忆法记忆词的数字 1（day）上。对第 2 页，你可以选择另外 1 ~ 3 个关键记忆形象词，然后把它们连接到数字 2 的基本记忆法关键词 Noah 上。以此类推，对一本 300 页的书来说，你不仅可以记住每页的基本内容，而且只要你愿意，你也能记住每页的全部内容。

21.6　思维导图法

另一种特别有效地记住一整本书、一篇文章、戏剧台词或诗歌的方法是思维导图法。你要记的材料的每一章或每一页，都可作为你思维导图的一个分支。这些分支经过想象和色彩化，你的大脑将把想象和颜色都记起来，并记住分支在思维导图上的位置。由于思维导图使用了各种关键技巧，因此各种可能性和特殊的记忆能力都将有惊人的增加。如果想将某件事忘掉，思维导图上所有与那件事有关的信息就可以"突然"暂时地变成忘掉的信息。

21.7 诗歌记忆练习

试试用你的新技巧来记住下面这首由作者写的诗《明喻》（最快能在 10 分钟内记完）：

宇宙如何计时？

太阳究竟有多么永恒？

最亮的白天到底有多亮？

最邪恶的罪行到底有多可憎？

谁是地球的生父，谁是蠢驴，谁是上帝？

血液的循环有多宁静？

浪花的生命有多短暂？

青春随风起舞有多轻盈？

肋骨做成的夏娃有多温柔妩媚？

什么概念圈定了思维的极限？

茫茫太空里何处是时间的发源之处？

蜜蜂吸吮后盛开的鲜花有多高雅？

花丛中飞出的蝴蝶是什么品种？

| 下章提示 |

在我们探讨第四部分的终极记忆术之前，我们再用一章探讨如何运用简单的方法记住我们醒来之后就会忘记的缥缈梦境。

第 22 章
梦境记忆

人与人之间回忆梦境的能力千差万别，但可喜的是，运用已学的记忆法则，每个人都可能走进自己的潜意识里。

有些人记忆梦的能力很差，他们相信自己从来不做梦。情况显然不是这样，过去几十年的研究表明，每个人在夜晚都有规律的做梦时间。这一点可以用"快速眼动"阶段来验证。在这一阶段，眼睛快速运动，睫毛闪动并且颤抖，整个身体也会偶尔抽动，好像身体能内在地"看见"，并随着想象中的故事而"移动"。如果你有只猫或狗，你也能注意到它们睡觉时的这种活动，因为大多数高等哺乳动物都"做梦"。

22.1 如何记忆梦境

记梦的第一步，实际上是梦的重现。要做到这一点，你可以在刚要入睡前"设置"你的大脑。当你开始恍惚时，轻柔而肯定地重复说："我要记住我的梦，我要记住我的梦，我要记住我的梦。"这样做的目的是给你的大脑"设置优先程序"，使你醒来时就回忆梦。从开始到"抓住"你的第一个梦，大约需要 3 周的时间，但这一过程确实是有效的。

一旦你抓住了梦，你就进入了记忆梦的第二个阶段。这是一个棘手和"危险"的时刻，如果你以为已经抓住了梦而太过激动的话，你就会丢掉这个梦。这是因为对这种类型的记忆而言，你的大脑需要短暂地处于一种平静的状态。你必须学会保持一种几乎是冥想式的平静，轻轻地回忆梦的主要情节。然后，你非常轻柔地从梦中选 2 个或 3 个关键的主要形象，再用记忆技巧（它本身就像做梦一样）把这些关键形象连到某种基本的记忆法上去。

例如，让我们想象：你梦见你是一个因纽特人，被困在北极一块巨大的浮冰上。你用巨大的毡头笔在北方的天空上写着求救的话，多彩的字迹看起来像极光。对这个梦，你只需从衣钩法中任选两项来记忆它。

以字母法为例。你应该想象，浮冰上与你在一起的，是一只巨大的、多毛的无尾猿（ape），它被冻得直哆嗦，用双臂抱胸取暖。同时，一只巨大的蜜蜂（bee）嗡嗡叫着，在你写在天空中的字间飞进飞出（请看图 22-1）。

注意，尽管第 8 章建议用纸牌中的 A 作为字母法中 A 的字母形象词（ace），但在这里允许使用你自己选择的替换词。以这种方式将主要的梦境连到你的关键记忆形象词上去，你可以轻而易举地横跨不同的脑波状态——熟睡状态、初醒状态和清醒状态，从而使你能记住你潜意识中重要而有用的东西。

图 22-1　一个梦境记忆的实例，图中所示为关键记忆形象

22.2 能够回忆梦境的好处

对已经开始记忆自己梦境的人所进行的无数研究显示，经过几个月，他们变得更平静、更有动力、更幽默、更富于想象力、更有创造力，且更善于记忆。这个结论并不令人吃惊，因为我们无意识的梦中世界是你右脑中认知技能的一个永久舞台，在那儿，所有的 12 种记忆技巧都得到了练习。有意识地接触这些将使所有相关技巧自动得到改善。

如果你像许多人所做的那样，开始热衷于在这方面进行自我发展和不断改进的话，那么坚持记"梦境日记"会对你有很大的帮助。这种日记将让你不断练习所学到的各种技巧，并成为自我提高的有用工具。稍加练习后，你就会满意地发现，你能以前所未有的水平来欣赏并创作文学和艺术作品。

许多名人都会运用这一过程。比如埃德加·爱伦·坡（Edgar Allan Poe），他是第一个记忆梦并把那些较恐惧的梦作为他的短篇恐怖小说素材的作家。类似地，萨尔瓦多·达利（Salvador Dalí）这位超现实主义的画家也曾公开承认，他的许多作品是他梦境的完美再现。

| 下章提示 |

最后，让我们脱离梦境，回到现实世界，来总结一下改善记忆的练习方法。

第 23 章
改善记忆的练习

如果你做这些练习的话，要不断提醒自己记住：有规律地参考关于记忆的书，在合适的位置留下提示笔记，设计复习日程表，请别人和你一起做"抽查"练习。你的思维和记忆将在你以后的生活中不断涌出极佳的表现。

改善记忆的练习

1. 开始学习一门新学科或一门外语，以增加基本的记忆储存。

2. 鼓励自己做一切有助于记忆的事情。

3. 注意你的梦，仔细检查那些你认为早已"忘记"的记忆图像。

4. 偶尔尝试一下"重返"你生活中的某个时期，追寻那个时候你生活中的种种细节。

5. 坚持用关键记忆形象词写日记，特别是利用小幅草图来完成日记，尽可能多地使用色彩及思维导图。

6. 将特殊记忆法及其技巧用于娱乐、练习和记忆。

7. 组织好你的学习时间，使最初和最终阶段的学习效果达到最佳状态，使中间部分的记忆力下降程度降到最低。

8. 复习。要保证你开始复习的时间，正好在你对所要记忆的东西的记忆开始下降之前。

9. 要多用右脑，因为它能提供帮助你记忆的想象和颜色。

10. 尽量尝试"观察"和"感觉"事物的各个细节——你储存的细节越多，你的回忆能力就越强。

接下来，让我们探索提高记忆力、注意力及创造力的终极方法。若你想继续探索，下一章将告诉你一种可为你所要记忆的东西创造10 000个记忆挂钩的记忆法。那就是自我增强型大师级记忆矩阵，简称SEM^3。SEM^{3}能让你记住学习、工作、休闲、自我提升所需的大量信息。第四部分将详细解释SEM^3，并告诉你如何在一系列学习项目中应用它。

东尼的自我增强型大师级记忆矩阵不只是让你用所学在聚会上露一手，还为你构筑了百科全书一样的知识结构：以知识为基石，层层积累。

苏·怀廷博士

曾获五次女子世界记忆锦标赛冠军，第一位女子世界记忆大师

终极记忆术

第四部分介绍在上个千禧年发明出来的终极记忆提升技巧：自我增强
型大师级记忆矩阵，简称 SEM³。SEM³ 可以使你轻松地记住不计其
数的事项。

与此同时，你还可以锻炼自己的"记忆肌肉"，提升想象力，使感官
更敏锐。

第 24 章

自我增强型大师级记忆矩阵（SEM^3）

SEM^{3}能够扩展第二、三部分所讲的记忆方法，为你提供10 000
个各不相同且井然有序的记忆挂钩，让你练就过目不忘的本领。

苏·怀廷博士是 SEM^3 这一系统方法的主推人，她对 SEM^3 的基本前提进行了解释。她的言辞被奉为内行的真知，被大家努力践行着：

　　那些真心想要提高记忆力的人，或者说我们每个人，都应该尝试使用 SEM^3，因为我们每个人的记忆力都有很大改善空间。我在不经意间发现了这本书。它让我大吃一惊：我从来不知道记忆也可以这么有意思。毕竟，为考试而记忆是那么单调和无聊。而现在，高效记忆不仅成为可能，而且充满趣味，拓展记忆现在简直成了我的一种爱好。

　　使用这种记忆技巧也会带来一些其他的结果，但肯定不是只为记忆而记忆。要学会 SEM^3，有一个循序渐进的基本方法。按照要求完成以下内容，你就会得到满意的结果。

24.1　SEM^3的原理

SEM^3 采用第 8 章所讲的冰块法。但是，这个记忆系统对冰块法的运用更加精细、有序，让你不费吹灰之力就能检索出大量信息。你将成为一部活的百科全书，只要想一想某个关键记忆形象词，就能有条不紊地获得所需信息，简直就像超级计算机。

SEM^3 是以第 9 章所讲的基本记忆法中运用的前 100 个关键记忆形象词为基础的。基本记忆法可以被视作二维成像，而 SEM^3 增加了一维空间，成为一个三维无限结构。当你读到这一章时，你的记忆将会更加精细复杂，将能够对前 100 个记忆形象进行微调，并系统地检索这些稍有不同的记忆挂钩所储存的所有信息。

你必须像当初熟悉乘法表一样熟悉基本记忆法。对前 100 个数字所对应的记忆形象，你必须烂熟于心。学习这一章时，你就不应该看到数字后还需要思考才能想出关键记忆形象词。比如，如果我说 84，你应该将"巴士"脱口而出。如果你仍旧需要经历这个过程（就像小孩需要从头开始背，直到背出 6 乘以 8 等于 48），那么你的速度将会很慢，而且有可能会搞不清楚你真正要学习的新内容。

用 100 种方法使用基本记忆法中的前 100 个形象，融合你的视觉、听觉、嗅觉、味觉、触觉、知觉等所有感官及物理世界的基本信息，就可以创造出记忆 10 000 个事物的方法。如果你将基本记忆法当作二维形象，那么你就可以用三维形象想象 SEM^3。它的确非常强大！

通过这种方式创造一个系统时，你也充分调动了你大脑的各个方面，并且培养了记忆技能。你正在创造一个广阔的三维智力运动场，它不仅能让你记住你想记忆的任何数据列表，而且能给你提供持续的训练思维的活动。这样的训练能让你的每一块"记忆肌肉"增强，能让你拥有进行无数次比赛的机会。

你可以通过下面的方式来构建自己的 SEM^3：

000~999	视觉
1000~1999	听觉
2000~2999	嗅觉
3000~3999	味觉
4000~4999	触觉
5000~5999	知觉
6000~6999	动物
7000~7999	鸟类
8000~8999	彩虹
9000~9999	太阳系（冥王星已于 2006 年被除名）

数字 0~999，运用视觉实现扩展；换句话说，你需要聚焦于你看到的影像，把你想记住的影像作为你的关键记忆图像。数字 1000~1999，运用听觉，集中精力听每个影像。数字 2000~2999，运用嗅觉，特别注意闻你的记忆影像中的各种气味。每增加 1000，依次使用味觉、触觉、知觉、动物、鸟类、彩虹的颜色和太阳系行星来实现拓展。

对每个 1000 中的每一组 100，都要有一种与之相对应的视觉、听觉、味觉等感官功能。因此，对照第 200 页的矩阵，100~999 之间的每一组 100 与视觉相对应的分别是：恐龙、贵族、月光、峡谷、发光、教堂、协和式（飞机）、火和绘画。

24.1.1　SEM^{3}实例

举个例子，101 与前 101 个基本记忆法中的关键记忆形象词汇表中的 1 相对应。因此，你就把它想象成一头巨大的恐龙，它抱着大树干向上爬。而 140 可以对应 40，1 还是原来那头恐龙，它巨大而尖锐的爪子把司令（40）抓得奄奄一息。不管你想用什么方法记忆 SEM^3 中的第 101 或 140 个事物，你都需要运用全部 12 种记忆技巧 SMASHIN'SCOPE。

第一个 1000，依然和你的通感中的第一个要素——视觉相关，而 700~799 依然运用基本记忆法中的前 101 个关键记忆形象词，但将与协和式（飞机）这一形象相联系。因此，706 可以想象成协和式（飞机），将它弯弯的鼻子想象成一个硕大的勺子（6）；795 可能是协和式（飞机）洒下无数的酒壶（95）。再次声明，不管你想把什么添加到这些图像中，你都需要应用基本的记忆技巧。

同样，对 3000~3999，这部分中的每一组 100 将有一个味觉特征，依次是：意大利面、西红柿、坚果、芒果、大黄、柠檬、樱桃、乳蛋糕、软糖和香蕉。

当你创造图像时，除了把它看作一种心智练习和大脑训练，更应该把它看作一种游戏。你要确保你的关键记忆图像对应不同感觉中的某一种，并且要强调这一感觉。以 4143 为例，潮湿（damp）作为触觉，会与代表 43 的"石山"结合。因此，你的主要记忆方法是想象石山上都是湖，感受湖水散发出的湿气。

24.1.2 SEM³的优点

通过应用 SEM³，你不仅能够形成一个完美的记忆系统（它能帮助你轻松地记忆 1 万个项目），而且能够训练你的每一个感官，这将对你生活的方方面面产生深远和积极的影响。没有很好的记忆力会给你带来巨大的挫折感和无尽的烦恼，引起压力甚至疾病，而身心的不适又会导致更差的记忆效果。通过使用 SEM³，你就能彻底改变这种恶性循环。

你将在很多方面创造良性循环：你越勤于训练你的记忆技巧，你的记忆力提高得就越快；你在记忆矩阵中添加的知识越多，你主动学习的可能性就越大；你投入训练记忆技巧和丰富知识中的时间与精力越多，所有层面的各种智力和智能自动提高的可能性就越大。

一旦你掌握了这些知识，你的大脑就会形成强大的基础，一路发展，越来越有智慧。你的大脑将有足够的组织良好的信息，使你的"记忆引擎"自动地运行！当然，还有许多其他的大师级列表可以运用这一记忆过程。

建议你在投入学习任何内容列表时，首先合理组织 SEM³，然后再进行记忆练习。在这个过程中，千万不要忘了应用 12 项记忆技巧 SMASHIN' SCOPE。

从此以后，进一步为其他有用的知识清单发展记忆矩阵，并形成每年至少记住一个清单的习惯，将对你大有裨益。

数字		0~99	100~199	200~299	300~399	400~499	500~599	600~699	700~799	800~899	900~999
100~999	视觉	—	Dinosaur 恐龙	Nobility 贵族	Moonlight 月光	Ravine 峡谷	Lighting 发光	Church 教堂	Concorde 协和式（飞机）	Fire 火	Painting 绘画
1000~1999	听觉	Sing 唱歌	Drum 鼓	Neigh 马嘶声	Moan 呻吟声	Roar 咆哮	Lap 拍打声	Shh 嘘声	Gong 锣声	Violin 小提琴	Piano 钢琴
2000~2999	嗅觉	Seaweed 海藻	Tar 焦油	Nutmeg 肉豆蔻	Mint 薄荷味	Rose 玫瑰	Leather 皮革	Cheese 奶酪	Coffee 咖啡	Forest 森林	Bread 面包
3000~3999	味觉	Spaghetti 意大利面	Tomato 西红柿	Nuts 坚果	Mango 芒果	Rhubarb 大黄	Lemon 柠檬	Cherry 樱桃	Custard 乳蛋糕	Fudge 软糖	Banana 香蕉
4000~4999	触觉	Sand 沙子	Damp 潮湿	Newspaper 报纸	Mud 污泥	Rock 岩石	Lather 肥皂泡	Jelly 胶状物	Grass 草	Velvet 天鹅绒	Bark 树皮
5000~5999	知觉	Swimming 游泳	Dancing 跳舞	Nuzzling 用鼻爱抚	Mingling 混合	Rubbing 擦拭	Loving 喜爱	Shaking 摇晃	Climbing 攀爬	Flying 飞翔	Peace 安详
6000~6999	动物	Zebra 斑马	Dog 狗	Newt 蝾螈	Monkey 猴子	Rhinoceros 犀牛	Elephant 大象	Giraffe 长颈鹿	Kangaroo 袋鼠	Fox 狐狸	Bear 熊
7000~7999	鸟类	Seagull 海鸥	Duck 鸭子	Nightingale 夜莺	Magpie 喜鹊	Robin 知更鸟	Lark 云雀	Chicken 小鸡	Kingfisher 翠鸟	Flamingo 火烈鸟	Peacock 孔雀
8000~8999	彩虹	Red 红色	Orange 橘红色	Yellow 黄色	Green 绿色	Blue 蓝色	Indigo 靛青	Violet 紫罗兰	Black 黑色	Grey 灰色	White 白色
9000~9999	太阳系	Sun 太阳	Mercury 水星	Venus 金星	Earth 地球	Mars 火星	Jupiter 木星	Saturn 土星	Uranus 天王星	Neptune 海王星	Pluto 冥王星

自我增强型大师级记忆矩阵（SEM^3）

SEM³组块	知识领域
1000~1199	天才
1200~1399	画家
1400~1599	作曲家
1600~1799	科学家
1800~1999	作家
2000~2099	君主
4000~4099	地理
5000~5999	语言
7000~7499	莎士比亚
8000~8199	元素
8200~8599	人体
9000~10 000	你的人生

24.2　SEM³实战演练

曾 5 次获得女子世界记忆锦标赛冠军的世界记忆大师苏·怀廷博士，已经运用 SEM³ 熟记了五千多条信息，并按照以下表格记住了一些重要领域的知识。

24.2.1　SEM³运用实例一：了解著名作家

为了让你明白实际操作中怎么运用 SEM³，下表列出了部分年代的作家让你演练。在此，我们只给出了前 32 位。

作家不仅是使用语言的高手，更准确地说，他们是用语言作为研究工具，探索人类生活各个领域的人。

当你遨游于文学世界时，你同时也在心理、地理、哲学、历史、天文学、经济、数学、政治、生物、物理、探险，以及想象、幻想的世界里徘徊。所以，当你在头脑中构建关于伟大作家的"大师记忆库"时，同时也会将联想的触角延伸到人类知识的所有领域。随着你对每位作家和每部文学作品的逐渐了解，学习和联想相关知识的能力也会逐渐提高。随着知识的增加，你学习的速度及对语言、文学和生活的品位也会提高。

1. 杰弗里·乔叟	1340—1400	
2. 埃德蒙·斯宾塞	1552—1599	
3. 沃尔特·雷利爵士	1552—1618	
4. 弗朗西斯·培根	1561—1626	
5. 威廉·莎士比亚	1564—1616	
6. 克里斯托弗·马洛	1564—1593	
7. 约翰·多恩	1572—1631	
8. 本·琼森	1572—1637	
9. 约翰·弥尔顿	1608—1674	
10. 约翰·班扬	1628—1688	
11. 约翰·德莱顿	1631—1700	
12. 塞缪尔·皮普斯	1633—1703	
13. 丹尼尔·笛福	1660—1731	
14. 乔纳森·斯威夫特	1667—1745	
15. 约瑟夫·艾迪生	1672—1719	
16. 乔治·贝克莱	1685—1753	
17. 亚历山大·蒲柏	1688—1744	
18. 塞缪尔·理查森	1689—1761	
19. 本杰明·富兰克林	1706—1790	
20. 亨利·菲尔丁	1707—1754	

21. 塞缪尔·约翰逊	1709—1784	
22. 托马斯·格雷	1716—1771	
23. 奥利弗·哥尔德斯密斯	1728—1774	
24. 爱德蒙·柏克	1729—1797	
25. 威廉·古柏	1731—1800	
26. 詹姆斯·鲍斯威尔	1740—1795	
27. 范妮·伯尼	1752—1840	
28. 乔治·格雷布	1754—1832	
29. 威廉·布莱克	1757—1827	
30. 罗伯特·彭斯	1759—1796	
31. 威廉·科贝特	1762—1835	
32. 威廉·华兹华斯	1770—1850	

记忆作家的名字

从前面的表可以看出，苏·怀廷博士将作家安排在了 SEM^3 的 1800 ~ 1999 组块。

下一步就是运用 SEM^3，找出为记忆作家详细信息，前 100 个基本记忆关键形象中需要微调的记忆挂钩。从表格最左边一栏开始（见第 200 页），依次往后理顺以千和百为单位的关键记忆形象词，到单元格 1000~1999 时停下来。它右边的单元格写着"听觉"。沿着这一行，在看到末尾两个写着"小提琴"和"钢琴"的格子时停一下。因此，你想要记忆的关于作家的任何信息都需要使用基本记忆法中的前 100 个记忆形象，然后还要对这些形象进行微调，前 100 个作家对应的记忆形象要加上小提琴的声音，后 100 个要加上钢琴的声音。只要找到了作家所在的位置，你就不需要再查看 SEM^3，除非你想记忆其他种类的信息。

在继续后面的内容之前，请思考一下可供你使用的各种小提琴声，可以是你最喜欢的协奏曲，也可以是小提琴家调音的声响。你不必对所有的作家都使用同一种小提琴声。

下一步就是要找出如何记住每一位作家名字（中文译名）的记忆法。你需要将这些记忆法与基本记忆法中形象的小提琴声音结合起来。

以下给出了 4 个范例，你自己还有 28 个要尝试。

1. 杰弗里·乔叟

基本记忆法中"1"对应的关键记忆形象词是"树干"。或许，你可以想象有一个叫作杰弗里的朋友把乔叟捆在树干上。然后，你只需要运用 12 种记忆技巧（SMASHIN' SCOPE）将这个画面结合起来就可以了。你身处一片树林，听到了小提琴的声音（或许还有鸟叫声，因为这可以加强画面，但还是必须以小提琴声为主）。杰弗里随后进入画面，他牵着捆住乔叟的绳子，然后将绳子的另一头绑在树林里一棵高大的树干上。尽可能让自己身临其境，想象真的和你那疯狂的朋友杰弗里在一起感受那树林里的景象，耳边还萦绕着小提琴的旋律和小鸟的叫声。

15. 约瑟夫·艾迪生

基本记忆法中数字"15"的关键记忆形象词是"鹦鹉"。因此，你需要想象一只鹦鹉，同时还要"听见"小提琴的声音。

接下来就是为记住约瑟夫·艾迪生的名字想出一个记忆方法。

想象《圣经》中的约瑟夫在太阳下做加法，如何？奇特的是，只要你记住在记忆约瑟夫·艾迪生与鹦鹉交流时，需要"听到"小提琴的声音，那么，你就会发现以后再次回忆就会非常容易，你还能够明显地将它与发出咆哮声、马嘶声及钢琴声的鹦鹉区分开来。记住要运用 12 种记忆技巧。尽可能让自己真正感受到灼热的太阳。约瑟夫是在用脚趾还是算盘做加法？鹦鹉是什么样子？鹦鹉在旁边怎样给主人当参谋？

想象约瑟夫穿着多彩的衣服。你越投入，给想象画面添加的元素越多，它就会越难忘、越有趣。

19．本杰明·富兰克林

基本记忆法中的数字"19"对应"衣钩"。你可以想象本杰明·富兰克林"把自己的衣服全部脱下来，然后把衣服全部挂在这支衣钩上"。接下来就是想象本杰明·富兰克林把脱下来的衣服一件件地挂在衣钩上，衣钩被沉甸甸的外套、内衣等压弯了。

32．威廉·华兹华斯

基本记忆法中的数字"32"对应的关键记忆形象词是"扇儿"，想象威廉先生一边扇着扇儿，一边跳着华尔兹舞。

现在你知道这有多简单了吧。请尝试记住其余的作家。开始之后，你会发现给自己设定每天记住 5 个目标会更容易。你依旧可以在一周内记完。在等火车、排队或者其余时间复习作家清单是一种好方法。你将本可能浪费掉的时间进行了有效利用，并且巩固了你的记忆。

记忆作家的生卒年

一旦记住了全部 32 位作家的姓名，你就可以重新浏览一次清单了。这一次，将已经跟合适的基本关键记忆形象词与小提琴相结合的名字，与生卒年相结合。你会发现这种方法——在已知信息上添加新信息（而不是一次性地记住某位作家的所有信息），能够让已知信息的记忆更加牢固。

记忆生卒年的方法非常简单，本书前面也介绍过。你会回想起自己运用基本记忆法中的代码来代表日期数字。

使用基本记忆法中的前101个关键记忆形象词

这里有 4 个需要记忆的形象（每个形象代表一个两位数字），也就是说，每个日期两个形象。例如：

13　医生

40　司令

14　钥匙

00　望远镜

然后用关联法将这些信息与姓名画面结合起来。这非常简单有效。

也许你画面中的小提琴在调音，这时乔叟已经被捆得奄奄一息，杰弗里赶快叫来医生（13）救治，医生认为必须送到医院抢救，就打电话给他家的女司令（40），带上车钥匙（14），一路狂奔来接。途中迷路了，女司令拿出望远镜（00），最终发现了他们。

巩固与拓展

不管你选用什么方法，尽量利用零碎时间经常回顾一下已经学过的东西。如果发现有些地方想不起来，可以在之后查书，并运用 12 种记忆技巧进行巩固。另外，你也要复习和巩固其他的知识。

以下列出了前 32 位作家的更多信息。一旦你将作家的生卒年与他们的姓名联系起来之后，你就可以按照完全相同的方法增加更多的信息。如果你想进一步记住他们的国籍，可以思考一种记忆符号，然后把它加到之前的画面当中去。

1. 杰弗雷·乔叟 （1340—1400） 英国

名作：《坎特伯雷故事集》。

教育背景：伦敦。

注：被誉为"英国文学之父"。

2. 埃德蒙·斯宾塞 （1552—1599） 英国

名作：《仙后》《克劳茨回家记》。

教育背景：北安普敦郡的泰勒商学院，剑桥大学。

注：被誉为"英国童话之父"。

3. 沃尔特·雷利爵士 （1552—1618） 英国

名作：《世界史》《圭亚那探险记》。

教育背景：牛津大学（法律）。

注：探险家和冒险家，曾带领探险队到美洲和南美洲。他具有探究的头脑和非凡的文学才能。

4. 弗朗西斯·培根 （1561—1626） 英国

名作：《学术的进展》。

教育背景：剑桥大学三一学院。

注：对世界和人类行为的本质有着强烈的好奇心。

5. 威廉·莎士比亚 （1564—1616） 英国

名作：《奥赛罗》《李尔王》《麦克白》《安东尼与克莉奥佩特拉》等。

教育背景：斯特拉特福德的圣三一教堂。

注：最多产时期是 1604—1608 年，人们评价他说：“他不属于某个时代，而属于每个时代。”

6. 克里斯托弗·马洛 （1564—1593） 英国

名作：《牧羊恋歌》。

教育背景：剑桥大学圣体学院。

注：在双陆棋的赌博中，因与朋友打斗被刺死。

7. 约翰·多恩 （1572—1631） 英国

名作：《祷告》《挽歌与十四行诗》。

教育背景：牛津大学和剑桥大学。

注：玄学派诗人，1621 年成为圣保罗大教堂教长，写过 160 篇布道词。

8. 本·琼森 （1572—1637） 英国

名作：《福尔蓬奈》《巴托罗缪集市》《灌木集》。

教育背景：威斯敏斯特公学。

注：被称为“本·琼森派”的新生代诗人的领袖。

9. 约翰·弥尔顿 （1608—1674） 英国

名作：《失乐园》《论失明》《力士参孙》。

教育背景：剑桥大学基督学院。

注：国内战争将他的精力转移到了议会和政治斗争中。失明后写出了《失乐园》和《论失明》。

10. 约翰·班扬 （1628—1688） 英国

名作：《天路历程》《罪人受恩记》。

教育背景：乡村学校。

注：因未经当局许可布道而被判监禁 12 年，其间写了《天路历程》一书。

11. 约翰·德莱顿 （1631—1700） 英国

名作：《时尚婚姻》《排练》。

教育背景：威斯敏斯特公学和剑桥大学三一学院。

注：1668 年获得"桂冠诗人"称号。

12. 塞缪尔·皮普斯 （1633—1703） 英国

名作：《日记》。

教育背景：圣保罗学校和剑桥大学马格德林学院。

注：直到 1825 年，他的《日记》才获译解。

13. 丹尼尔·笛福 （1660—1731） 英国

名作：《鲁宾逊漂流记》。

教育背景：斯托克纽英顿学院。

注：60 岁后达到创作高峰，被授予"英国新闻业创始人"称号。

14. 乔纳森·斯威夫特 （1667—1745） 英国

名作：《格利佛游记》。

教育背景：肯尔肯尼学院和都柏林三一学院。

注：从 23 岁开始饱受耳眩晕病折磨。

15. 约瑟夫·艾迪生 （1672—1719） 英国

名作:《加图》。

教育背景:卡尔特豪斯学校和牛津大学莫德林学院。

注:他是议会成员。

16. 乔治·贝克莱 （1685—1753） 爱尔兰

名作:《视觉新论》。

教育背景:都柏林三一学院。

注:他最初出版的著作是一些小册子,以拉丁文写成。

17. 亚历山大·蒲柏 （1688—1744） 英国

名作:《夺发记》、荷马史诗《伊利亚特》与《奥德赛》的译本。

教育背景:自学。

注:大半生都受到疾病的折磨。

18. 塞缪尔·理查森 （1689—1761） 英国

名作:《帕梅拉》《克拉丽莎》。

教育背景:在贫困中长大,粗略受过一些教育。

注:痴迷于性,使得他的作品非常流行,被认为是"现代小说奠基人之一"。

19. 本杰明·富兰克林 （1706—1790） 美国

名作:《对英国和它的殖民地关系的观察》《将一个伟大帝国变成小国的制度》。

教育背景:生于波士顿,粗略受过一些教育。

注:科学家兼政治家,曾帮助起草美国宪法,创立了颇有影响的交际和辩论社团——秘密会议俱乐部。

20. 亨利·菲尔丁 （1707—1754） 英国

名作：《汤姆·琼斯》《约瑟夫·安德鲁传》。

教育背景：伊顿公学。

注：一生的大多数时间饱受哮喘和水肿病的折磨。

21. 塞缪尔·约翰逊 （1709—1784） 英国

名作：《英文字典》《人类愿望之虚幻》。

教育背景：牛津大学彭布罗克学院。

注：著名的辞书编纂家、评论家，才华横溢的辩论家和才子。

22. 托马斯·格雷 （1716—1771） 英国

名作：《墓园挽歌》。

教育背景：伊顿公学和剑桥大学彼得学院。

注：他具有非凡的描写能力和才智，写得最好的是书信。

23. 奥利弗·哥尔德斯密斯 （1728—1774） 爱尔兰

名作：《威克菲尔德的牧师》《屈身求爱》《世界公民》。

教育背景：都柏林三一学院。

注：用他自己的话说，他大多数时间沉迷于赌博，是个撒谎的老手。

24. 爱德蒙·柏克 （1729—1797） 爱尔兰

名作：《法国革命论》。

教育背景：巴里托的贵格会学校和都柏林三一学院。

注：辉格党政治家和政治理论家，创立了年登记选民制度。

25. 威廉·古柏 （1731—1800） 英国

名作：《席间闲谈》《任务》。

教育背景：威斯敏斯特公学，在内部教堂学习法律。

注：接受教育的目的是想成为一名律师，但后来转向福音派。

26. 詹姆斯·鲍斯威尔 （1740—1795） 苏格兰

名作：《约翰生传》。

教育背景：爱丁堡大学（法律）。

注：因为没有实现他理想的政治生涯而饱受挫折。

27. 范妮·伯尼 （1752—1840） 英国

名作：《伊芙莱娜》《塞西莉亚》《卡米拉》。

教育背景：自学。

注：她的日记是18世纪晚期人物和生活第一手资料的最佳来源之一。

28. 乔治·格雷布 （1754—1832） 英国

名作：《村庄》。

教育背景：给医生当学徒。

注：具有黑色幽默特点的叙事诗人。

29. 威廉·布莱克 （1757—1827） 英国

名作：《天真与经验之歌》《天国与地狱的婚姻》《耶路撒冷》。

教育背景：萨默塞特宫皇家艺术学院。

注：他那些似乎简单但悦耳的诗表达了丰富的意义。

30. 罗伯特·彭斯 （1759—1796） 苏格兰

名作：《汤姆·奥桑特》《友谊地久天长》《致小鼠》。

教育背景：由父亲和母亲教授知识。

注：他创作了最为著名的清唱剧——《快活的乞丐》。

31. 威廉·科贝特（笔名：彼得·箭猪）（1762—1835） 英国

名作：《骑马乡行记》《科贝特政治纪事报》《箭猪公报》。

教育背景：在军队中自学成才。

注：他发表了大量的文章，涉及从农业到政治的多个领域。

32. 威廉·华兹华斯 （1770—1850） 英国

名作：《水仙花》《十四行诗》《不朽颂》《序曲》。

教育背景：剑桥大学圣约翰学院。

注：出生在英格兰湖区，是最有名的浪漫主义诗人之一。

24.2.2 SEM³运用实例二：了解伟大作曲家

下面列出了一些伟大的作曲家，你可以运用 SEM³ 对此进行记忆测试。列表本身就为你的大脑提供了足够多的有序信息，让你的"记忆引擎"自动运行。

我之所以选择作曲家，是因为这会涉及许多领域的知识，而我也可以简单地给出有关天才、艺术家、科学家、世界统治者、国家及首都的列表。

一旦你已经用 SEM³ 来组织和记忆下面一系列作曲家的主要信息，你就已经打下了音乐知识的基础。这些知识能使你的大脑自动地围绕每位作曲家和他的音乐建立起多种联系，并且快速地将它们融入不断扩大的令人兴奋的知识结构中。

例如，当你听到捷克作曲家斯美塔那的有关信息（他最初是因令人惊异的激情和活力而出名的，但之后不久他的两个孩子相继夭折了；后来他的生命被一种能导致大脑物质瓦解并令人逐渐衰弱的疾病慢慢消耗着，然而他仍旧从事创作，并详尽地记录下了这种磨人疾病的特性，以及对他的记忆产生的影响等信息）时，你就会怀着更大的敬意和同情欣赏他的音乐；同时，你会更加了解他所生活的那个时代。

记忆作曲家的详细信息

如果你再次翻看第 200 页苏·怀廷博士制作的 SEM³ 表格，你会发现作曲家被安排在了 1400 ~ 1599 这一栏。

同样，你需要用 SEM³ 找出基本记忆法中关键记忆形象词需要微调的地方，从而为伟大作曲家创造合适的记忆挂钩。还是从第 200 页最左边的那一栏开始，在 1000~1999 那一格停一下。它右边的格子写着"听觉"。继续沿着这行往右看，到"Roar"（咆哮）和"Lap"（拍打声）时停一下。因此，你想要记忆的关于作曲家的任何信息都需要使用基本记忆法中的前 100 个关键形象，然后还要对这些形象进行微调——前 100 个作曲家对应的记忆形象要加上风雨咆哮的声音，后 100 个要加上海浪拍岸的声音。

声音，是记忆的一种主要手法。听觉也是大脑技能的一个组成部分，对培养"大师记忆"的"通感"——五种感觉相互融合，能增强每种感官的功能并促进大脑中相应技巧的发展，特别是创造力和记忆力——起着至关重要的作用。你会惊讶地发现你仅仅需要想象一个不同的声音，然后把它加载到基本记忆法的记忆挂钩上，即可成功获取截然不同的信息。

让我们看看这种方法在实践中究竟是如何进行的，下面我们以列出的第一位作曲家为例进行说明。

举例：菲利普·德·维特里 （1291—1361）

为菲利普·德·维特里想象一个助记符号，并用咆哮声将其融入大树的树干（1）这幅画面。

你可以想象一只巨大的飞利浦牌剃须刀正在德国海边的一棵V（维）字形的大树（1）上演奏。然后，你可以把这个画面与咆哮的海相结合。

完成全部练习

以下列出了30位作曲家，作为你了解伟大作曲家的开端。

首先确保画面中包含咆哮声，然后再将每位作曲家姓名的助记符号添加到基本记忆法的记忆挂钩上。

学完30位作曲家的姓名之后，再次浏览表单，然后运用任何你喜欢的方法添加生卒年信息。只有在生卒年信息完全记熟之后，才能再记国籍信息。然后，如此反复，每次都给你的基本记忆挂钩增加一点信息。

1. 菲利普·德·维特里 （1291—1361） 法国
名作：《身边的无耻小人》。
风格：圣乐与俗乐、新艺术。
创作时期：中世纪。

2. 纪尧姆·德·马肖 （1300—1377） 法国
名作：《圣母弥撒曲》。
风格：圣乐与俗乐。
注：广受尊敬的政治家、传教士和诗人。
创作时期：中世纪。

3. 弗朗切斯科·兰迪尼 （1325—1397） 意大利

名作:《春天来了》。

风格:俗乐。

注:自幼双目失明。

创作时期:中世纪。

4. 约翰·邓斯泰布尔 （1390—1453） 英国

名作:《噢！罗莎贝拉》。

风格:圣乐与俗乐。

注:因其作品的"可唱性"而知名。

创作时期:中世纪。

5. 吉尔·班舒瓦 （1400—1460） 法兰西—佛兰德斯

名作:《女儿结婚》。

风格:圣乐与俗乐。

创作时期:文艺复兴时期。

6. 纪尧姆·迪费 （1400—1474） 法兰西—佛兰德斯

名作:《假使我的面色苍白》。

风格:圣乐与俗乐。

创作时期:文艺复兴时期。

7. 约翰内斯·奥克冈 （1410—1497） 法兰西—佛兰德斯

名作:《奎伍斯维·托尼弥撒曲》。

风格:圣乐与俗乐。

创作时期:文艺复兴时期。

8. 若斯坎·德普雷 （1440—1521） 法兰西—佛兰德斯

名作：《圣母颂》。

风格：圣乐与俗乐。

创作时期：文艺复兴时期。

9. 海因里希·伊萨克 （1450—1517） 佛兰德斯

名作：《君士坦丁众赞歌》。

风格：圣乐与俗乐。

创作时期：文艺复兴时期。

10. 安德烈·加布里埃利 （1510—1586） 意大利

名作：《适于三合唱诗班和管弦乐队的圣母颂歌》。

风格：圣乐与合唱乐。

创作时期：文艺复兴时期。

11. 乔瓦尼·皮耶路易吉·达·帕莱斯特里纳 （1525—1594）
    意大利

名作：《马塞勒斯教皇弥撒曲》。

风格：圣乐与俗乐。

创作时期：文艺复兴时期。

12. 奥兰多·德·拉絮斯 （1532—1594） 法兰西—佛兰德斯

名作：《救主之母》。

风格：圣乐与俗乐。

创作时期：文艺复兴时期。

13. 威廉·伯德 （1543—1623） 英国

名作：《圣母颂》。

风格：圣乐与俗乐、合唱乐、室内乐、器乐和键盘乐。

注：被誉为"英国音乐之父"。

创作时期：文艺复兴时期。

14. 朱里奥·卡契尼 （1545—1618） 意大利

名作：独唱歌曲集《新乐曲》。

风格：新音乐。

创作时期：巴洛克时期。

15. 托马斯·路易斯·德·维多利亚 （1548—1611） 西班牙

名作：《悼亡仪式》。

风格：新风格歌曲。

创作时期：文艺复兴时期。

16. 卢卡·马伦齐奥 （1553—1599） 意大利

名作：《痛苦的殉难》。

风格：圣乐与俗乐。

创作时期：文艺复兴时期。

17. 乔瓦尼·加布里埃利 （1555—1612） 意大利

名作：《第八坎佐纳》。

风格：圣乐与俗乐、器乐。

创作时期：文艺复兴时期。

18. 托马斯·莫里 （1557—1602） 英国

名作:《正是五朔节的采花时节》。

风格：圣乐与俗乐、器乐。

注：尤其擅长芭蕾小曲（小曲的一种轻音乐形式）。

创作时期：文艺复兴时期。

19. 卡洛·杰苏阿尔多 （1560—1613） 意大利

名作:《牧歌第四卷》。

风格：圣乐与俗乐。

创作时期：文艺复兴时期。

20. 约翰·布尔 （1562—1628） 英国

名作:《狂想曲》。

风格：键盘乐。

创作时期：文艺复兴时期。

21. 约翰·道兰德 （1563—1626） 英国

名作:《让我常住幽暗乡》。

风格：俗乐、器乐。

创作时期：文艺复兴时期。

22. 克劳迪奥·蒙特威尔第 （1567—1643） 意大利

名作:《尤利西斯的返国》。

风格：圣乐与俗乐、合唱乐、歌剧。

创作时期：文艺复兴时期 / 巴洛克时期。

23. 托马斯·威尔克斯 （1575—1623） 英国

名作:《从山而降的韦斯塔》。

风格:合唱曲、圣乐、器乐。

创作时期:文艺复兴时期。

24. 奥兰多·吉本斯 （1583—1625） 英国

名作:《这是约翰的记录》《银天鹅》。

风格:声乐、宗教合唱乐、键盘乐和器乐。

创作时期:文艺复兴时期。

25. 吉罗拉马·弗雷斯科巴尔迪 （1583—1643） 意大利

名作:《帕萨卡里亚》。

风格:声乐和键盘乐。

创作时期:巴洛克时期。

26. 海因里希·许茨 （1585—1672） 德国

名作:《马太受难曲》《圣诞清唱剧》。

风格:圣乐与俗乐。

创作时期:巴洛克时期。

27. 弗朗切斯科·卡瓦利 （1602—1676） 意大利

名作:《情人海格力斯》。

风格:俗乐。

创作时期:巴洛克时期。

28. 贾科莫·卡里西米 （1605—1674） 意大利

名作：《身与灵的献祭》。

风格：宗教音乐戏剧。

创作时期：巴洛克时期。

29. 让－巴蒂斯特·吕利 （1632—1687） 意大利

名作：《阿尔西斯特》。

风格：宗教合唱乐、喜剧芭蕾、歌剧、芭蕾和舞会舞曲。

创作时期：巴洛克时期。

30. 迪特里希·布克斯特胡德 （1637—1707） 丹麦

名作：《圣乐曲》《合唱曲》《风琴曲》。

风格：发明了宣叙调音乐。

注：最先提出把晚间音乐和大众音乐会放在教堂举行的人，他对巴赫影响巨大。

创作时期：巴洛克时期。

以这种方式使用 SEM^3，你便是在和伟大的古典及现代音乐大师一同通过声音探寻人类，提高我们对自身天性的认识。正如苏·怀廷博士概括的一样：

> 由于记忆了作曲家的很多信息，我能很好地把一首乐曲和创作它的时代背景联系起来，这让我在欣赏曲子时能更加投入其中，并使我加深了对乐曲的感受和理解。因为现在我的头脑中有了一个"钩子"，这使我能轻松地添加更多的信息。

> 我原来没有学过有关艺术和艺术家方面的知识，静下心来学习这些知识，对我来说是意外的收获。开始的时候，我学习这些知识

纯粹出于好奇，但当我去参观国家美术馆时，你很难想象我当时兴奋和激动的心情！在一个又一个的展馆中，我发现了许多曾经记忆过的油画。我能告诉我的孩子们有关画家和他们独特艺术风格的所有细节——这是一种非常令人满足和幸福的经历，孩子们都以无比崇拜的眼光看着我。当然，我的满足和幸福感不仅仅源于此。

我多么希望早点发现生活中的这些记忆技巧，至少是在我要应付所有的考试之前。你们现在正好有这个宝贵的机会，一定要好好珍惜。这本书将教会你如何以最愉快的方式学习——需要提醒的一点是，这可是很容易让你上瘾的！

24.3　结语

你已经学完了整本《超级记忆》，对所介绍的方法进行了练习，你的记忆力已经得到了很大的提高，而且将会继续提高。记忆过程中所运用的技巧也会让你同时运用左、右半脑，让整个大脑进行一次彻底的锻炼。继续锻炼并测试你的记忆肌肉，你会得到意外的惊喜——你会发现自己的记忆力无比强大，自己的思维变得更有创意、更加敏捷。

不管你是想掌握第二部分的部分或全部基础记忆技巧、第三部分的基本记忆法，或是勇于挑战第四部分的自我增强型大师级记忆矩阵，你都已经踏上了最大限度地拓展记忆能力和记忆速度的征程，不管是在学习、工作还是娱乐当中，这都会给你带来成功。

掌握了《超级记忆》的全部记忆方法后，你可能想要与其他"记忆大师"（那些可以记住并回想大量信息的人）进行比拼，检验自己的记忆能力。你可以加入世界脑力运动机构，它会组织许多与记忆力训练相关的赛事。

尽情享受你的无限难忘的记忆之旅吧！

附录A　世界记忆锦标赛®的起源

　　我一直对大脑运动感兴趣，尤其是国际象棋，从非常年轻的时候就开始了，而且希望组织象棋比赛。似乎很奇怪，既然有象棋、围棋、桥牌，以及各种形式的数字和文字游戏的比赛，但大脑最大的技能——记忆——却没有任何比赛！

　　随着《启动大脑》和《超级记忆》等出版物的发行，以及我全球旅行次数的增加，我越来越多地了解到，所有人都对记忆的艺术和科学感兴趣。《超级记忆》成了讨论的焦点，并且随着岁月的流逝，记忆锦标赛®的需求压力也逐年增加。非常现实地说，《超级记忆》激发了全球新一轮的记忆思维运动，还有就是世界范围内的记忆锦标赛®。

　　在1990年，我有幸见到国际象棋大师雷蒙德·基恩（Raymond Keene），他是英国象棋史上第一个获此殊荣的棋手，同时也是世界头号棋手。1994年，伦敦大学的心理学家发表了"记忆天花板"假说，他们认为没有人能够突破记忆极限，包括记住一个30位的数字，并以每2

秒一位数的速度一次读完。

到1995年，"天花板"假说已经被打破！人类的大脑已经表明，在记忆的领域，其能力远远大于迄今实现的。到1996年，列支敦士登的菲利普王子被授予"记忆大师"称号并得到皇室认可，类似俄罗斯沙皇尼古拉赐予的"国际象棋特级大师"皇家称号。

此时，学校和初级锦标赛已经建立起来，思维运动在全球盛行。这种增长一直在持续，到2008年，记忆运动已成为一个真正的全球性运动。

记忆运动既能自我提高，还是一个健康的爱好，也可以作为一项业余体育运动。在有趣的记忆活动中，WMSC®记忆锦标赛®俱乐部和WMMC博赞导图®俱乐部，可以进行许多不同形式的官方认证考级活动，以使学员提高竞技水平。在1991年，我创建了具体的比赛项目和规则，以符合公认需要记忆的事物标准，为这些国际比赛设立了一个共同的竞技体系。目前十大标准记忆项目如下：

1. 听记数字记忆

目标是尽量多地回忆听记数字，越多越好。

2. 马拉松扑克牌记忆

尽量记忆多副52张扑克牌。

3. 历史事件记忆

尽可能记住虚拟的历史日期/未来日期，越多越好，并把它们与正确的历史事件相关联。

4. 二进制数字记忆

正确记忆二进制数字（101101等），越多越好。

5. 随机记忆词汇

尽可能记忆那些随机单词，越多越好。

6. 抽象图形记忆

记住每行抽象图形的顺序，越多越好。

7. 人名和头像记忆

尽可能多地记忆人名和头像，将人名和头像正确搭配起来，记得越多越好。

8. 马拉松数字记忆

尽可能多地记住那些随机数字（1，3，5，8，2，5等），尽量完整地回忆它们。

9. 快速数字记忆

尽可能记忆随机数字（1，3，5，8，2，5等），越多越好，有两次机会。

10. 快速扑克牌记忆

在最短的时间内尽量记住一副52张扑克牌。

比赛组织者可以选择一个或多个上述项目的个人比赛。在每个项目中，主办单位也可以选择持续时间的记忆；处于世界冠军级水平的，某些项目，如扑克牌和数字，可以有一小时的记忆周期和两小时的回忆时间；处于非竞技级别的较低水平，记忆时间则可以减少到5分钟，用10或15分钟回忆，以配合参加的竞争对手的水平。

这些类型的规则，需要有经验的裁判和规范的时间标记。在组织有趣的记忆活动和比赛时，规则也可以有弹性。建议参加比赛的记忆力训练者，至少参加所在地区的资质培训，以获得宝贵的经验。

附录 B 东尼博赞® 在线资源

"脑力奥林匹克节"

"脑力奥林匹克节"是记忆力、快速阅读、智商、创造力和思维导图这五项"脑力运动"的全面展示。

第一届"脑力奥林匹克节"于 1995 年在伦敦皇家阿尔伯特大厅举行，由东尼·博赞和雷蒙德·基恩共同组织。自此之后，这一活动与"世界记忆锦标赛®"（亦称"世界脑力锦标赛"）一起在英国牛津举办过，在世界各地包括中国、越南、新加坡、马来西亚、巴林也都举办过。世界各地的人们对这五项脑力运动的兴趣越来越浓厚。2006 年，"脑力奥林匹克节"的专场活动再次让皇家阿尔伯特大厅现场爆满。

这五项脑力运动的每一项都有各自的理事会，致力于促进、管理和认证各自领域内的成就。

世界记忆运动理事会

世界记忆运动理事会（World Memory Sports Council）是全球记忆运动的独立管理机构，致力于管理和促进全球记忆运动，负责授权组织世界记忆锦标赛®，并且授予记忆全能世界冠军、世界级记忆大师的荣誉头衔。

世界记忆锦标赛®

这是一项著名的全球性记忆比赛，又称"世界脑力锦标赛"，其纪录不断被刷新。例如，在 2007 年的世界记忆锦标赛®上，本·普理德摩尔（Ben Pridmore）在 26.28 秒内记住了一副洗好的扑克牌，打破了之前由安迪·贝尔创造的 31.16 秒的世界纪录。很多年以来，在 30 秒之内记忆一副扑克牌被看作相当于体育比赛中打破 4 分钟跑完 1 英里的纪录。有关世界记忆锦标赛®的详细信息，可在英文官网 www.worldmemorychampionships.com 或中文官微 China_WMC 中找到。

世界思维导图暨世界快速阅读锦标赛

世界思维导图锦标赛（World Mind Mapping Championships）是由"世界大脑先生"、思维导图发明人东尼·博赞和国际特级象棋大师雷蒙德·基恩爵士于 1998 年共同创立。世界思维导图锦标赛是脑力运动奥林匹克大赛其中的一项，第一届的举办地点在伦敦，至今已举办 14 届。

世界快速阅读锦标赛（World Speed Reading Championships）始于 1992 年，并持续举办了 7 届。2016 年，第 8 届世界快速阅读锦标赛在新加坡再次举办。2017 年，第 9 届世界快速阅读锦标赛在中国深圳成功举办。快速阅读是五项"脑力运动"之一，可以通过比赛来练习。

了解赛事详情，请登录中文官网 www.wmmc-china.com 或关注官微 world_mind_map。

亚太记忆运动理事会

亚太记忆运动理事会（Asia Pacific Memory Sports Council）是由东尼·博赞和雷蒙德·基恩直接任命的世界记忆运动理事会（WMSC®）在亚洲的代表，负责管理世界记忆锦标赛®在亚洲各国的授权，在亚洲记忆运动会上颁发"亚太记忆大师"证书。

亚太记忆运动理事会是亚太区唯一负责授权和管理 WMSC® 记忆锦标赛®俱乐部、WMMC 博赞导图®俱乐部，并颁发相关认证能力

资格证书的官方机构，了解详细信息请登录 www.wmc-asia.com。

WMSC® 记忆锦标赛® 俱乐部

无论在学校还是职场，WMSC® 记忆锦标赛® 俱乐部提供的都是一个有助于提高记忆技能的训练环境，学员们在这里有一个共同的目标：给大脑一个最佳的操作系统。由经 WMSC® 培训合格的世界记忆锦标赛® 认证裁判提出申请，获得亚太记忆运动理事会授权后成立的记忆俱乐部可以提供官方认证记忆大师（LMM）资格考试。请访问官网 www.wmc-china.com 或关注官微 China_WMC。

WMMC 博赞导图® 俱乐部

WMMC 博赞导图® 俱乐部，由经 WMMC 培训合格的世界思维导图锦标赛认证裁判提出申请，在获得亚太记忆运动理事会授权后成立并运营。俱乐部认证考级是目前世界唯一依据世界思维导图锦标赛的评测标准所进行的全面、科学、权威的博赞思维导图® 专业等级认证。请访问官网 www.wmmc-china.com 或关注官微 world_mind_map。

大脑信托慈善基金会

大脑信托慈善基金会（The Brain Trust Charity）是一家注册于英国的慈善机构，由东尼·博赞于 1990 年创立，其目标是充分发挥每个人的能力，开启和调动每个人大脑的巨大潜能。其章程包括促进对思维过程的研究、思维机制的探索，体现在学习、理解、交流、解决问题、创造力和决策等方面。2008 年，苏珊·格林菲尔德（Susan Greenfield）荣获了"世纪大脑"的称号。

世界记忆锦标赛® 官方 APP

世界记忆锦标赛® 官方 APP 是世界记忆运动理事会授权，亚太记忆运动理事会为广大记忆爱好者和记忆选手们打造的大赛官方指定 APP，支持用户在线训练、参赛以及在线查看学习十大项目比赛规则、赛事资讯、比赛日程等信息。选手可自由选择"城市赛、国家赛、国际赛、世界赛"四种赛制，并可选择十大项目中的任意项目，随时随地进行自由训练。

目前，Andriod 版本已发布（IOS 版本敬请期待），APP 安装请登录 www.wmc-china.com/app-release.apk。

英国东尼博赞®集团

东尼博赞®授权讲师（Tony Buzan Licensed Instructor，TBLI）课程由英国东尼博赞®集团（Tony Buzan Group）授权举办，TBLI 课程合格毕业学员可获得相关科目的授权讲师证书。TBLI 讲师在提交申请获得授权许可后，可开授英国东尼博赞®认证的博赞思维导图®、博赞记忆®、博赞速读®等相应科目的东尼博赞®认证管理师（Tony Buzan Certified Practitioner，TBCP）课程。

完成博赞思维导图®、博赞记忆®、博赞速读®或思维导图应用课中任意两门课程，并完成相应要求的管理师认证培训数量，即有资格申请进阶为东尼博赞®高级授权讲师（Senior TBLI）。

高级授权讲师继续选修完成一门未修课程，并完成相应要求的管理师认证培训数量，可有资格申请进阶为东尼博赞®授权主认证讲师（Master TBLI）；另外，提交申请获得授权后可获得开授 TBLI 讲师培训课程的资格。

亚太记忆运动理事会博赞中心®为亚洲区唯一博赞授权认证课程管理中心，负责 TBLI 和 TBCP 认证课程的授权及证书的管理和分发。如果你有任何问题或者需要在亚洲区得到任何支持，可以通过以下方式联系相关负责人士。

亚洲官网：www.tonybuzan-asia.com　电子邮件：admin@tonybuzan-asia.com

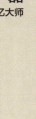

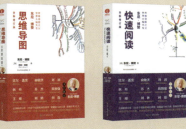

东尼博赞® 授权认证课程

东尼博赞®授权讲师（Tony Buzan
Licensed Instructor，"TBLI"）课程
和东尼博赞®认证管理师（Tony Buzan
Certified Practitioner，"TBCP"）课程
由英国东尼博赞®集团授权举办。课程合格
毕业者可申请获得相应科目的东尼博赞®授
权认证资格证书。

东尼博赞®授权讲师证书　　　　东尼博赞®认证管理师证书

世界记忆锦标赛® 和世界思维导图锦标赛

世界记忆锦标赛®和世界思维导图锦标赛分别始于 1991 年及 1998 年，由"世界大脑先生"、思维导图发
明人东尼·博赞和国际特级象棋大师雷蒙德·基恩爵士共同创立，各自颁发国际认可并世界通用的"世界记
忆大师"及"博赞导图"大师"证书。

世界记忆大师（IMM）证书　　　　博赞导图®大师证书

世界记忆锦标赛
官方微信

基于赛事推出的 WMSC® 记忆锦标赛®俱乐部和 WMMC 博赞导图®俱乐部，可由参加过官方培训并合
格结业的国际认证裁判提出申请，在获得亚太记忆运动理事会授权成立后，分别运营目前世界上唯一依据
世界记忆锦标赛®及世界思维导图锦标赛评测标准的"WMSC®记忆大师考级认证"和"WMMC 博赞思
维导图®考级认证"。

WMSC®记忆大师考级认证证书　　　博赞思维导图®专业考级认证证书

世界思维导图锦标赛
官方微信

注：以上证书均为样本，仅供参考，证书可能由发证机构根据需要对形式和内容做出改动，以最终实物为准。